嬰幼兒
副食品
不過敏全書

上田玲子 / 監修　上田淳子 / 料理
張萍 / 譯

CONTENTS

嬰幼兒副食品不過敏全書

Part 1 副食品 基本「關鍵字」

Part 2

那麼，開始來做副食品吧！

Part 3

輕鬆愉快！創意副食品

Part 4

消除對副食品的不安&煩惱！

監修……上田玲子（うえだ　れいこ）
營養學博士、營養管理師。帝京科學大學兒童學部教授，兒童營養學第一把交椅，擔任日本營養改善學會評議委員、日本兒童營養研究會營運委員等職務。並任職TransScope（股）總研究董事長，推動營養監督與食育研究。著有《新版孩子的飲食生活》（NANAMI書房）、監修《營養學博士的斷奶飲食全書》等眾多出版品，廣泛活躍於各個領域。

料理……上田淳子（うえだ　じゅんこ）
料理研究家。辻學園烹調技術專門學校畢業後，擔任該校西洋料理研究職員，之後赴歐進修。持續於瑞士、法國等知名店家研修。目前在自家主持烹飪與和菓子、葡萄酒教室。在寫作與電視節目上多有表現，也藉由身為一對雙胞胎母親的經驗，從事「食育」相關活動。著有《3歲開始的媽媽便當》（文化出版局）、《雙薪家庭的三餐》（主婦之友社）等眾多出版品。

本書使用方法與規則

本書的目的是為了不要讓初次製作副食品的人感到困擾，而進行容易理解的說明。寶寶的成長發育因人而異，必須要視寶寶能夠接受副食品的程度、能夠接受的份量、食物軟硬度等狀態來判斷給予的方式。

營養標誌之標示

每道菜中所含有的營養素會以不同顏色的標誌來標示。

熱量來源
能使肌肉、神經、腦部等運作的熱量來源

維生素・礦物質來源
提高人體免疫力、調整體質

蛋白質來源
建造人體血液、肌肉、皮膚、內臟等的基礎

建議給予的時期

依據使用的食材不同，給予的時期也會有不同。
請當作建議量的參考。

標示製作所需時間

標示製作所需花費的大概時間。

熱量來源　維生素・礦物質來源　蛋白質來源

小松菜與碎納豆粥

7 個月~

材料

小松菜（菜葉）……15g
磨碎納豆……12g
五倍粥（→P.42）
……3大匙稍多（50g）

作法

❶ 將小松菜的菜葉煮軟、切碎。

❷ 將磨碎納豆與5倍粥混合，稍微煮一下。盛至容器內，放上①，攪拌均勻後即可食用。

此時寶寶的消化吸收能力尚未成熟，為了易於消化，應先將納豆加熱後再給寶寶吃。

小建議

關於料理法、小技巧、能增加餐點風味或是營養等建議。

關於材料・製作方法

- 所有的食譜基本上都是一位孩子的食用分量。部分為了製作方便，則會特別標記出分量。
- 擔心食物過敏，或是已被診斷為食物過敏者，切勿自行判斷，請遵守醫囑。
- 1杯為200ml、1大匙為15ml、1小匙為5ml。
- 食材分量係指已去皮或種籽等的分量，本書僅記載單次餵食孩子的實際用餐分量。
- 微波爐加熱時間係指使用火力600w之時間。500w的建議時間為標示時間的1.2倍，700w則為0.8倍。然而，因機種等不同，加熱時間可能會有差異，請視狀況予以調整。
- 麵包用小烤箱因機種不同，加熱所需時間可能會有差異，請視狀況予以調整。
- 水量會因火力大小或是鍋子大小等而有不同，請視狀況予以調整。
- 材料方面，如果沒有特別記載，請先進行剝皮、去籽、去芽、去筋絲等基本處理。
- 烏龍麵、義大利麵、通心粉等市售品會依製造商不同而有烹調方法或是時間上之差異，請參考產品標示進行料理。
- 「BF」為Baby Food（嬰兒食品）之縮寫。

計量用湯匙的測量方式

1大匙、1小匙

粉狀物質應鋪平置於湯匙柄。液體應剛好裝入湯匙內，且不會溢出。

1/2大匙、1/2小匙

測量液體時，應裝到湯匙2/3深的位置。粉狀1大匙（小匙）應剛好落在一半的測量線上，並拂落多餘的部分。

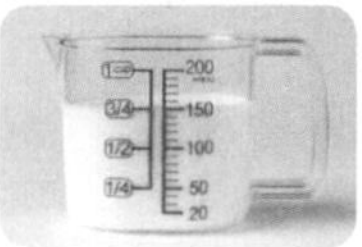

量杯的測量方式

放置於水平位置，平視杯子時，應符合量杯刻度。

Part 1

副食品
基本「關鍵字」

副食品到底是什麼東西？該怎麼給寶寶吃？
打從「一開始」就有一大堆疑問與不安。
從現在起，本書將為必須準備副食品的媽媽們，
仔細解說關於副食品的基礎知識。

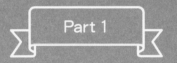

為什麼必須吃副食品呢？

配合身體發展，培育用餐能力，為豐富的飲食生活建立基礎

給寶寶吃副食品的目的在於，要讓原本藉由母乳或是配方奶汲取營養的寶寶漸漸和成人一樣從乳汁以外的食物攝取營養，所以可從近似液體的食物開始，逐漸給寶寶吃固體食物，讓他們進行啃咬練習。

在這之前，寶寶只吃過液態食物，舌頭與嘴巴的動作都尚不熟練，別說是啃咬食物，甚至也還不太會吞嚥。此外，寶寶的消化道功能也尚未發達，還無法確實分解食物、吸收，所以挑選食材時必須配合寶寶各個時期的發展，烹調出容易消化的軟硬度。配合寶寶的發展，從出生後5～6月起至1～1歲半，可將副食品的進程分成4個時期。

提供副食品，除了讓寶寶能夠攝取到乳汁以外的營養，還有其他各式各樣的功能。例如透過食用各種食物，可開啓寶寶的味覺感官、提升啃咬能力。此外，也可以讓寶寶藉由使用手或是叉子等器具（餐具），促進身體功能發育、刺激好奇心、增進食慾。寶寶還可以透過副食品，學會獨立自主以及生存的能力。

副食品的功能

1 學會啃咬、吞嚥的能力

「吃」這個動作實際上非常複雜。首先，必須用嘴唇、下顎以及舌頭將食物運送至口中。並且還要再用牙齒將食物咬碎，使食物的軟硬度以及大小方便吞嚥，並與唾液混合後再送入食道。寶寶「啃咬」、「混合唾液」、「吞嚥」的能力都尚未成熟，所以副食品可以幫助寶寶反覆練習這些複雜的動作，發展咀嚼能力。

2 培養味覺

人類天生就擁有感受甜、鮮、酸、鹹、苦等基本能力，副食品的功能就是要幫助寶寶拓展「味覺」的世界。味覺不只是為了要讓人類區分能夠維持生命、成長所需的必要味道，或是危險的味道，也可以讓人享受到食物的美味。在這個時期讓寶寶體驗各式各樣的味道，能有助於使其味覺更加發達。

用餐・進食方法變化

母乳・配方奶時期

出生～出生後4、5個月

營養＝母乳・配方奶。吸吮力發達

從還是胎兒起，寶寶即對乳頭有強大的吸吮能力，也會吞嚥偶爾進入口中的食物。出生後，會因為吸吮母乳或是配方奶，而讓吸吮變得更熟練。

4 建立飲食習慣的基礎

副食品必須配合寶寶嘴唇、舌頭、下顎運作以及消化吸收能力的發展情況，從一天1次開始，循序漸進地增加食材種類與用餐次數。然後，在結束期時，寶寶應該已經可以像成人一樣每天在固定時間吃三餐，並且可以在兩餐之間給他們吃1～2次點心。也就是說，我們可以透過副食品來調整孩子正確的生活作息，建立適當的飲食習慣基礎。

3 補充必要的熱量或是營養素

寶寶出生後第5～6個月，僅攝取媽媽母乳內所含有的營養素已經略嫌不足。因為母乳內所含有的蛋白質、礦物質（鈣質或是鐵質）等成分會逐漸減少。因此，必須藉由攝取副食品來補充可使寶寶健康成長的必要熱量或是營養素。

5 培養食慾、好奇心

大約在寶寶出生5～6個月後，觀察到寶寶好像有想吃東西的慾望時，便可以開始嘗試做副食品。寶寶接著會想要自己用手拿取食物放到嘴巴、想要使用餐具來進食。這些都是寶寶已經在意識中培養出「想要自己吃東西」的證據。透過豐富的飲食經驗，可以培養寶寶的獨立自主、用餐慾望與好奇心。

幼兒飲食期	副食品時期	
1歲半～	5、6個月～1歲半左右	
1歲半以後，進入幼兒飲食的階段 長出第一乳臼齒（→P.186），開始正式進行咀嚼。已經可以吃有一定硬度的食物，但是比起學齡兒童還很不成熟。仍應給予幼兒食物。	（9個月～1歲半左右）**舌頭動作變得靈活，能從食物中攝取營養** 舌頭可以上下左右運動，也變得比較想自己吃東西。從食物攝取到的營養素比例增加，1歲左右開始，幾乎所有營養素都是從食物中取得。應重視一天食用3餐的生活節奏，1～1歲半為止差不多就該結束食用副食品。	（5～8個月左右）**準備逐漸和母乳說再見** 5～6個月為「吞食期」。主要的飲食還是以母乳或配方奶為主，一天1次逐漸開始進行練習吃副食品。到了7～8個月的「壓食期」，舌頭開始可以上下運動，這時可以利用舌頭與下顎壓碎非常柔軟的食物後再吞嚥。

必須了解的營養均衡

為了維持・促進健康、健壯成長，必須要攝取各式各樣的營養素。就讓我們先了解基本的均衡飲食吧！

嬰幼兒身體急遽發展，需要眾多營養素的時期

從誕生起至滿1歲、體重會成長為3倍左右。嬰幼兒時期，成長發育旺盛，身體雖然很小，卻必須攝取許多營養素。然而，幼兒無法自己選擇食物。為了給予寶寶均衡、營養豐富的餐點，希望各位家長能夠從副食品初期開始，先了解一些基本知識。

寶寶出生後5～6個月，一天餵食1次副食品，讓寶寶適應；7～8個月，一天2次；9個月以後一天3次，確實給寶寶營養均衡的食物。其實只要掌握一些基本重點，想要給寶寶幾次餐點，都是可以自行調整的。掌握了基本原則，就愉快地讓寶寶吃副食品吧！

了解食材的營養素、特徵，巧妙組合食材

均衡的飲食能夠協助寶寶成長並與食育作連結。或許有些人會覺得有點麻煩，但基本思維其實相當簡單。首先，菜單是由「主食」、「主菜」、「配菜」所組成。接著，我們可以從左頁的3大類食物中分別選出1種進行搭配組合。主食使用能夠使身體活動的「熱量來源」，主菜與配菜則使用能夠調整體質的「維生素・礦物質來源」、製造血液與肌肉的「蛋白質來源」，搭配組合後使用，即是一分營養均衡的菜單。話雖如此，也不需要每一餐都如此嚴謹考量。假設這一餐的維生素、礦物質不足，可在下一餐或是隔天的菜單中多加一些蔬菜補充。

容易攝取不足的營養素，以及必須小心過度攝取的營養素是？

嬰幼兒的身體與腦部發育旺盛。特別、一定要攝取的食材是腦部唯一的熱量來源——碳水化合物。此外，嬰幼兒也容易缺乏鐵質與維生素D。可以特意讓嬰幼兒多多攝取富含維生素D的鮭魚或是竹筴魚等，以及鐵質含量豐富的深色蔬菜、紅肉魚、黃豆粉等食材。相反的，嬰幼兒的消化吸收能力尚未成熟，注意應適量給予蛋白質或是油脂。

成長必需的三大類食物

開始給寶寶吃副食品經過1個月，
即可分別從3大類食物中各挑出1種以上的食材放入菜單唷！

食材一定要加熱！

寶寶的內臟機能尚未發育成熟，對於細菌的抵抗力比較差。原則上，所有食材都必須經過加熱、殺菌後再給寶寶食用。到「壓食期」為止（第一次給予時要特別慎重），就連水果也要加熱唷！

形成體力與體溫的 熱量來源

米飯　麵包　麵類　香蕉　馬鈴薯　等

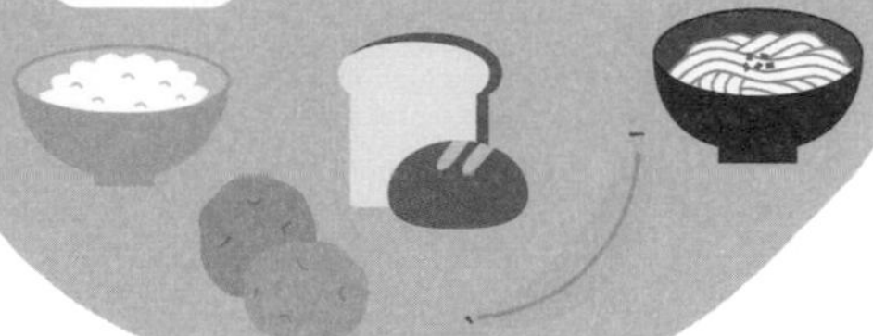

米飯、麵包等碳水化合物含有大量的醣類，食用後能夠在體內被分解成為葡萄糖，成為讓肌肉、神經、腦部等運作的熱量來源。油脂亦包含在熱量來源類。

能使身體狀態良好的 維生素・礦物質來源

蔬菜　水果　菇類　等

蔬菜、水果、海藻等食物群，富含維生素與礦物質。含有大量能夠調節身體狀態、幫助身體運作等的重要營養素。

蔬菜類基本上要加熱，但是其所含有的水溶性維生素以及怕熱的維生素容易因為清洗、加熱而流失。針對這個部分，建議使用一些可以直接食用的水果。各式各樣蔬菜或是菇類所含有的脂溶性維生素（維生素A、D、E、K）與油脂搭配後會更易於吸收。比起生食，礦物質會因加熱而增加可攝取量，因此處理蔬菜時一定要加熱。請於其中1次的用餐中搭配「蔬菜＋水果」以補充維生素、礦物質。

製造血液與肌肉的 蛋白質來源

肉　魚　豆腐　蛋　乳製品　等

富含蛋白質的食物群。血液、肌肉、皮膚、內臟等全都是由蛋白質製造而成。可以分為豆腐等植物性蛋白質，以及魚、肉、蛋等動物性蛋白質。

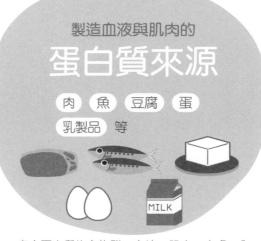

哺乳與副食品間的平衡

母乳、配方奶的完美搭配法

母乳是寶寶最大的安慰劑與最佳的營養來源，但是我們必須了解母乳中的成分會隨著時間逐漸發生變化。

副食品與母乳、配方奶之間的平衡

副食品的建議量

副食品到結束的營養均衡示意圖

5～6個月左右
吞食期
1餐

準備跟母乳說再見的時期

母乳、配方奶 90%　副食品 10%

●這時期的營養幾乎都來自於母乳或是配方奶。
●將其中1餐的哺乳改成副食品。

設定一天吃1次副食品，從1匙黏糊狀的米粥開始（→P.16），讓寶寶適應。

6個月左右
吞食期
2餐

大約經過1個月後，開始每天餵食2次

※若6個月後才開始進行，也可以僅設定一天吃1次副食品。

母乳、配方奶 80%　副食品 20%

●再將其中1餐的哺乳改成副食品。
●餐後可再依寶寶喜好給予母乳或是配方奶。

一天吃2次副食品，也可以逐漸增加蔬菜、豆腐、白肉魚等米飯以外的食材。

彌補母乳不足的營養也是副食品的功能

對剛出生的寶寶而言，母乳擁有所有必需的營養成分，也很容易消化吸收。再者，寶寶被媽媽抱著時，身心都會非常放鬆，簡直是最完美的用餐狀態。然而，母乳成分會依產後天數而逐漸產生變化。在不斷成長的嬰幼兒期，副食品最重要的功能就是補足母乳所不足的營養。

產後9個月的母乳，鐵質與蛋白質只剩一半

到了產後6個月，母乳中的蛋白質、鐵質等礦物質來源大約會減少一半。特別若是鐵質不足，會影響寶寶

開始吃

7～8個月左右

壓食期

2餐

這個時期開始練習用舌頭壓碎食物後食用

母乳、配方奶 60～70%　副食品 30～40%

●除了一天2次的用餐，還有上午、下午、晚上就寢前的哺乳，一天約5～6次。

於上午、下午給寶寶吃副食品，一天2次。增加了肉、魚、蛋、乳製品等可食用的食材。

9～11個月左右

咬食期

3餐

這個時期能夠攝取的營養素大幅增加

母乳、配方奶 30～40%　副食品 60～70%

●用餐量增加，用餐後所需的母乳或是配方奶量自然而然減少。

副食品一天吃3次。副食品的食用以營養為主。可增加使用瘦肉、貝類等食材。

1～1歲半左右

嚼食期

3餐＋點心(1～2次)

營養皆從食物中攝取一天固定3餐

母乳、配方奶 25%　副食品 75%

●1歲過後可以喝鮮奶。
●配方奶或是鮮奶一天的建議飲用量約為300～400ml。

一天3次副食品＋點心。幾乎可以使用所有的食材，食譜也變得更加豐富。

腦部功能的發育，必須特別注意。6個月後已經可以好好食用副食品，也必須藉由副食品來彌補母乳所不足的營養素。

●母乳中所含有的營養成分變化（礦物質成分）

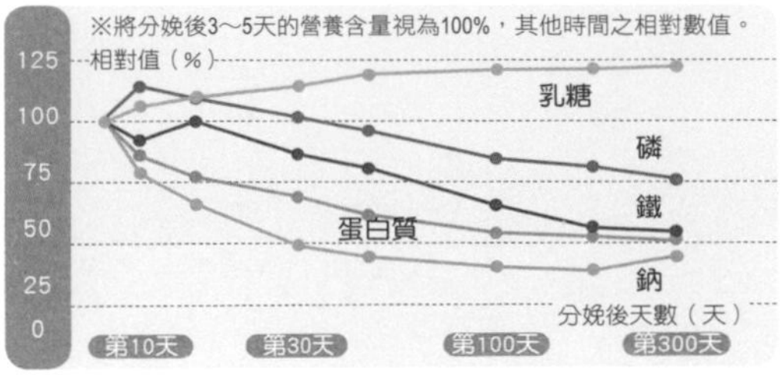

※出處：「近年來日本人母乳組成成分全國普查」（井戶田正 等人）

配合孩子的步調，多花一點時間做離乳準備

雖然已經開始給寶寶吃副食品，但也不用立刻停餵母乳。應該配合孩子的步調，給出充分的調適時間，直到不用再吃副食品為止。離乳也是孩子獨立自主的第一步。除了可以增加豐富的飲食經驗，也能幫寶寶打造健康的身體、培養攝取食物的能力。

5～6個月左右 吞食期的進行方式

這個時期可從米粥開始，讓寶寶慢慢適應副食品。每位寶寶在個體上有很大的差異，應視寶寶的成長發展步調進行。

首先，從黏糊狀的10倍粥開始

終於要開始吃副食品了 以1匙1匙（1小匙）少量增加為原則

吃副食品應從易於消化、過敏性較低的白米開始。剛開始時，先將白米以10倍水煮成稀糊的10倍粥，研磨後再1匙1匙餵給寶寶。習慣米粥後，再少量逐漸增加同為黏糊狀的蔬菜，之後才是豆腐（蛋白質來源）。

這時期至少要讓寶寶習慣吞嚥食物。但是，仍應以寶寶狀態為優先考量，慢慢進行。

可以開始給寶寶吃副食品的訊號

- □ 月齡達5～6個月
- □ 頸部已硬挺，稍微支撐即可坐起
- □ 大人用餐時自己也想吃
- □ 身體狀態良好、情緒良好
- □ 口水量增加

吞食期的時間規劃範例

餵食2次		餵食1次
母乳・配方奶	第1次（早上）	母乳・配方奶
副食品＋母乳・配方奶	第2次（中午前）	副食品＋母乳・配方奶
副食品＋母乳・配方奶	第3次（下午）	母乳・配方奶
母乳・配方奶	第4次（傍晚）	母乳・配方奶
母乳・配方奶	第5次（晚上就寢前）	母乳・配方奶

將其中1次哺乳改成吃副食品。餐後如果寶寶想喝母乳，也可以給他喝。

剛開始時，找一個寶寶心情好的時機，在哺乳前1匙1匙餵給寶寶副食品。不須拘泥於時間或是營養均衡的問題。大約經過2週，只要寶寶想吃就給他們能吃的食物（→P.16）。餐後再依寶寶需求給予母乳或是配方奶吧！

習慣吞食期食物1個月後，改成每天吃2次

開始餵食副食品後1個月，待寶寶稍微習慣就可以進展成每天吃2次。出生5個月後即餵食副食品者，則須經過1個月，到出生滿6個月左右再改成2次。6個月才開始餵食者，則需到7個月再開始餵食2次，照著這種規則逐漸進展到壓食期。

湯匙的使用重點

1 把寶寶橫抱在媽媽腿上將湯匙放在嘴邊

橫抱可以讓寶寶感到舒適。將湯匙前端輕輕觸碰寶寶下嘴唇。

2 將湯匙朝向寶寶臉部正面，放在下嘴唇上

待寶寶打開嘴巴，將湯匙水平擺放在下嘴唇上。寶寶會閉起上嘴唇、吞入副食品。

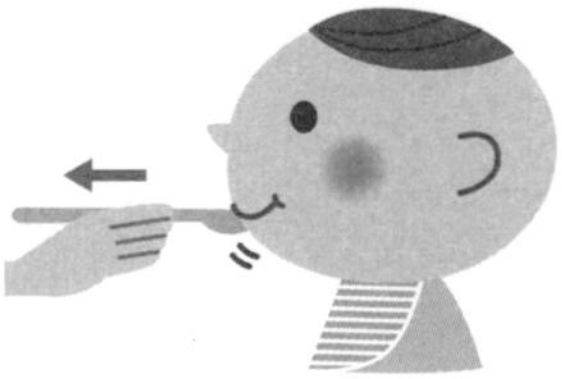

3 待寶寶用上嘴唇含入後，慢慢水平抽離湯匙

等寶寶閉上嘴巴、副食品也放入他嘴巴後，慢慢將湯匙平行抽出。

4 若從嘴巴溢出來，就再刮回嘴唇

寶寶會把副食品吞送到舌頭深處。如果從嘴巴旁溢出，就再用湯匙反覆刮回嘴內。

不要勉強把食物塞入寶寶嘴巴

用湯匙把上嘴唇與上顎掰開，勉強把食物塞入嘴巴是NG的行為。讓寶寶自己練習開闔嘴巴、吞入食物。

發育特徵

舌頭只會前後移動，閉著嘴唇吞食

寶寶出生5～6個月時，舌頭只會前後移動。到了6個月，當食物放入嘴巴，寶寶就會緊閉嘴唇，由於寶寶會想把食物吞進口中，所以不會溢出，而是會直接吞進去。

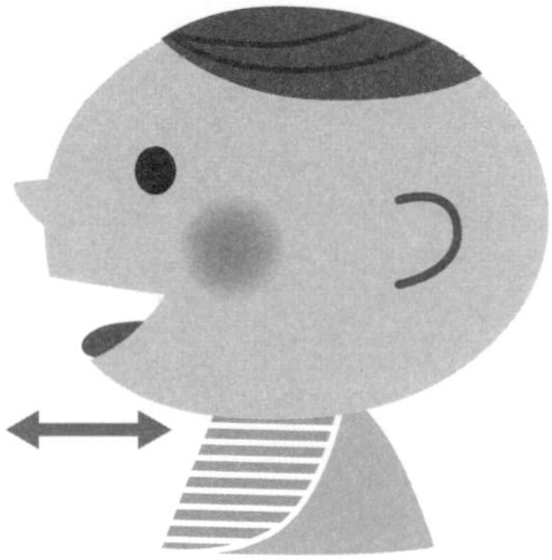

這個時期該注意的重點

必須注意第一次吃到食材後的身體狀況

開始餵食副食品時，必須特別注意過敏反應。第一次吃的食材應先給予1匙左右，並且仔細觀察寶寶在餐後是否有發疹、腹瀉等情形（→P.153）。

吞食期烹調範例　食材的軟硬度&大小

吞食期寶寶的消化吸收功能尚未成熟，請將易消化的食材烹調成易於吞嚥的軟硬度後，再餵給寶寶吃。

熱量來源（例如：白米）

一天2次

不須攪拌、舀起來呈優格狀最為理想

研磨7倍粥到米粒呈現鬆軟狀。像是直接可用湯匙舀的優格般滑順。

一天1次

充分攪打成優格狀

研磨10倍粥到沒有顆粒的黏糊狀。建議是帶有黏糊感的濃湯狀態。

維生素・礦物質來源（例如：胡蘿蔔）

一天2次

去除纖維的黏稠狀

將食材煮軟後，再研磨成滑順的黏稠狀。蔬菜與水果的比例建議為3：1。

一天1次

做出流動狀的黏糊度

將食材煮軟後，再用研磨皿仔細研磨成滑順的黏糊狀。蔬菜與水果的比例建議為2：1。

蛋白質來源（例如：白肉魚）

一天2次

稍微殘留顆粒的濃湯狀

煮好後磨碎至稍微帶有顆粒的濃湯狀，做出黏糊感。豆腐可以燙過再磨碎。

一天1次

將纖維磨碎、煮成泥狀

煮好後把纖維磨碎，再加入熱水等煮成黏糊狀。稍微讓它有點黏糊感，即可成為易於食用的食物。

吞食期（剛開始時）增加食材的方法

※所謂1匙是指1小匙（5ml）。副食品專用湯匙則為4～5匙的分量。

剛開始餵食副食品時，基本上要1匙1匙地少量增加。一開始先給予1匙的10倍粥，第2天也給予1匙。到了第3天再給予2匙，以這樣的比例1匙1匙慢慢增加。

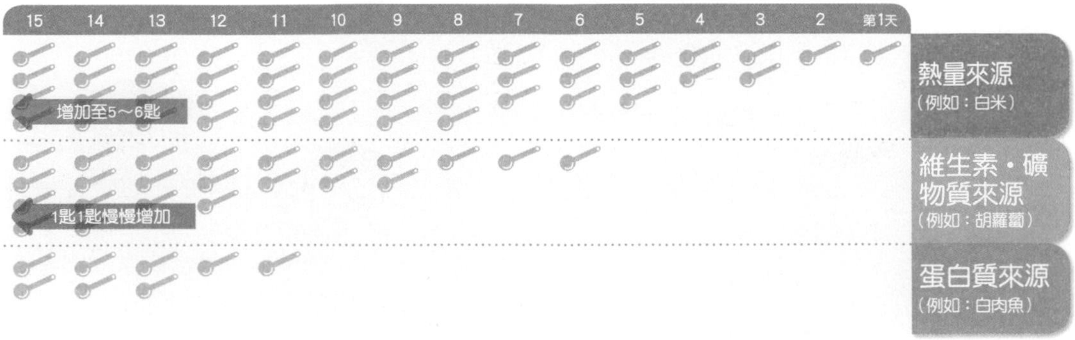

吞食期可以食用的食材列表

以下都是在初期可以給寶寶吃的食材。從10倍粥或是南瓜等容易煮軟的食材開始。

調味料・油脂	蛋白質來源	維生素・礦物質來源	熱量來源
無添加高湯包	鯛魚（嘉鱲）	胡蘿蔔	白米
調味料&油脂的使用方法請參照P.150	比目魚	菠菜 	馬鈴薯
	鱈魚	南瓜	番薯
	鯧魚	番茄	香蕉◎
	豆腐	花椰菜	麵包
	豆漿	綠蘆筍	▲烏龍麵
	黃豆粉	白蘿蔔 	
	這個時期需要給予寶寶的蛋白質量相當少，僅給予豆腐或是白肉魚一類即可，不需給予肉類、雞蛋、乳製品。	青蔥	為了預防過敏，小麥製品（麵包、麵條）應於6個月後再給寶寶吃。很多小麥製品都含有雞蛋、油脂、鮮奶等，最好選擇未含有上述食材的食物。
		洋蔥 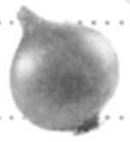	
		高麗菜	
		芹菜 	
		蕪菁	
		白花椰菜	
		蘋果	
		草莓	
		橘子	
		梨	
		冷凍三色混合蔬菜	
這個時期不需要調味。讓寶寶好好品嘗食材自然的味道，開始製作健康的副食品給寶寶吃吧！	從豆腐開始嘗試，再逐漸少量給寶寶吃白肉魚。吻仔魚乾的鹽分較高，必須先汆燙以減少一些鹽分。 *鱈魚有引發過敏的疑慮，若擔心，這個時期先不要給寶寶吃（咬食期後OK）。	南瓜或是胡蘿蔔纖維較少、容易煮軟，且帶有溫潤的甜味，是寶寶喜愛、受歡迎的食材。這個時期寶寶能夠食用的量較少，但是烹調起來卻很費工，可以先多做一些冷凍保存起來，會比較方便。	最好選擇穀類中較易消化、營養價值也高、不容易引發過敏的米粥開始。 ◎香蕉分類上雖然屬於水果（維生素、礦物質來源），但是由於含有豐富的碳水化合物（醣類），在副食品當中被視為熱量來源。

※▲表示可以逐漸、少量給予的食材。

7～8個月左右 壓食期的進行方式

開始吃副食品已經2個月。可以使用的食材增加，形式變化也更多了。

能夠確實吞食，即可改成每日餵食2次

使用舌頭與上顎壓碎食物的壓食練習

寶寶在壓食期開始長乳牙，並且已經可用嘴巴獲取食物、將食物吃入口中，還會學習利用舌頭或上顎確認食物的滑順度與軟硬度。這個時期能夠食用的食材增加了，所以重點是要讓寶寶體驗各式味道、舌頭觸覺等。然而，這時期也會讓人覺得想菜單很麻煩、容易中途而廢。請各位放寬心，利用相同食材的不同組合來度過這段時期吧！

可以進入壓食期的訊號

- ☐ 月齡達7個月
- ☐ 每次的副食品分量約為1/2兒童碗的程度
- ☐ 寶寶已經可以壓食黏稠狀的副食品，並且能夠確實吞食
- ☐ 能夠增加白粥以外可食用的食材

壓食期的時間規劃範例

前半段・後半段方式相同

第1次（早上）	母乳・配方奶
第2次（中午前）	副食品 ＋ 母乳・配方奶
第3次（下午）	母乳・配方奶
第4次（傍晚）	副食品 ＋ 母乳・配方奶
第5次（晚上就寢前）	母乳・配方奶

養成一天吃2次副食品的習慣。餐後再給寶寶喝足量的奶

目前為止每天都只吃1次副食品，但此時可以在一天中再加入一餐副食品。原則上就是替換掉哺乳。吃完副食品後，若寶寶還想喝母乳或是配方奶，再給予充足的量。

主要營養素為母乳或是配方奶。寶寶不吃不必焦慮

這段時期，寶寶對於吃東西以外的事也很感興趣。心情一來，可能會突然不吃東西。這是比較混亂的時期，所以不用勉強寶寶也沒關係。確認一下菜單是否千篇一律，如果沒有問題就不需焦慮，只要靜待寶寶自行恢復食慾即可。

這個時期該注意的重點

這個時期寶寶會對吃東西以外的事情感興趣。每天應在固定時間用餐

這個時期寶寶可能會突然變得不想吃副食品，而很容易半途放棄。重點是要調整好一天2次的用餐節奏，一方面也做好心理準備，如果寶寶真的不想吃也沒關係。

發育特徵

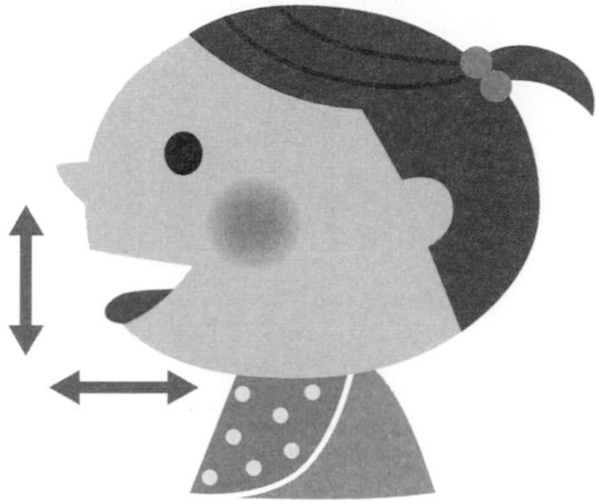

舌頭除了前後移動，也開始會上下移動

寶寶能夠利用舌頭將塊狀物壓在上顎處，再移動舌頭將其壓碎。此外，也開始懂得利用舌頭將壓碎的食物聚集在一起，所以應將食物烹調成容易吞嚥的黏糊狀。

坐著用餐的重點

如果寶寶可以單獨坐好，請準備一張專用餐椅

此時期可以幫寶寶準備兒童餐椅或是用餐專用椅。為了讓寶寶能夠努力把食物放入嘴巴、壓碎食物，必須選擇寶寶的腳能夠確實踏到地面或是腳踏板等的椅子。

促進成長發展的餵食方法

這個時期寶寶可能會把整塊食物吞嚥下去。要注意餵食寶寶的方式。

這個時期，寶寶容易吃得太快、直接吞嚥。這問題不只關乎吞嚥時的安全，寶寶也將無法練習咀嚼運動。讓寶寶先用嘴唇含住湯匙、用嘴巴壓碎食物，確認食物已經吃下去後再給寶寶下一口。

壓食期烹調範例　食材的軟硬度&大小

壓食期開始，可以給予寶寶比吞食期水分更少的食材、漸漸保留食物的原貌。

熱量來源（例如：白米）

前半段

黏稠的美乃滋狀

每次約50g、呈現黏稠狀的7倍粥。如果是烏龍麵，每次約35g。

後半段

給予能看到米粒的5倍粥

能感覺到米粒的5倍粥，每次約80g。如果是烏龍麵，每次約55g。

維生素・礦物質來源（例如：胡蘿蔔）

前半段

能夠用舌頭與下顎壓碎的軟硬度

蔬菜煮到可直接用舌頭壓碎的軟硬度，切碎成2～3mm的大小。蔬菜與水果的比例建議為3：1。

後半段

煮軟、稍微大一點的塊狀

維持塊狀，煮至柔軟，可以稍微切得大塊一些。切碎成3～4mm的大小。蔬菜與水果的比例建議為3：1。

蛋白質來源（例如：白肉魚）

前半段

軟硬度標準為絹豆腐

將食材煮軟至可壓細碎至易於食用的黏糊狀態即OK。

後半段

後半段的軟硬度標準為木棉豆腐

稍微保留食材原本的形狀，煮軟至可壓細碎的狀態，如果仍然不易食用，可以做成黏糊狀。

媽媽前輩們的副食品報告

壓食期

僅利用高湯調味。寶寶吃不膩的小技巧

寶寶已經習慣吃副食品了，只要我一開始準備餐點，往往寶寶就會急著想要「趕快趕快」吃飯。我在調味上只有加入高湯，寶寶一旦吃膩就不太會想吃副食品，所以可以加入一些風味較佳的蔬菜等作為調味。為了避免因為乳糖不耐症等而造成鈣質攝取不足，也可以加入一些能夠整隻食用的魚類（像是吻仔魚乾）。

某天的副食品菜單

- 吻仔魚粥
- 燙時蔬
- 雞肉丸子湯

古賀朋子媽媽
陸大寶寶（8個月大）

壓食期可以食用的食材列表

從壓食期起，可以食用的食材增加了。可以從雞里肌肉開始讓寶寶習慣吃肉，要遵守建議食用分量。

調味料・油脂 使用方法請參照P.150	蛋白質來源	維生素・礦物質來源	熱量來源
吞食期食材	吞食期食材	吞食期食材	吞食期食材
+	+	+	+
砂糖（上白糖）	鮪魚	青椒	烏龍麵
醋	鰹魚	秋葵	細麵
番茄醬	鮭魚	豌豆莢	粉絲
奶油	海底雞罐頭	四季豆	麵包捲（圓麵包）
液態鮮奶油（動物性）	雞里肌肉	茄子	法國麵包
橄欖油	鮮奶	小黃瓜	玉米片（原味）
玉米油	原味優格	萵苣	燕麥片
紫蘇油	茅屋起司	▲所有菇類	芋頭
▲鹽	加工乳酪	碗豆	山藥
▲醬油	卡門貝爾乾酪	紅豆	
▲味噌	納豆	水果罐頭	
▲沾麵醬汁	嫩豆腐	烤海苔	
▲沙拉油	蛋黃	青海苔	
▲芝麻油	▲蛋白（全蛋）	可以逐漸開始使用海苔等海藻類食物。	燕麥片是由野燕麥碾碎而成，富有鐵質與鈣質，也比較好消化，能夠輕易變軟，很適合做為副食品食用。
壓食期，還是盡量不要使用調味料進行烹調。若一定要使用，也要注意用量，要幾乎吃不出味道、稍微調味就好。在烹調用油脂方面，橄欖油會比沙拉油好，除此之外建議使用非混合的植物油。	雞蛋方面，7個月時已經可以吃固體的蛋黃，8個月左右也可以開始吃白肉魚，以及鮪魚、鰹魚等紅肉魚。肉類應從脂肪含量較少的雞里肌肉等開始給寶寶吃。開始使用乳製品，但是不可使用脂肪含量較多的奶油起司。納豆應先加熱再給寶寶吃。	到了這個時期，除了苦澀味較強、難以煮軟的蔬菜，幾乎所有蔬菜都可以給寶寶吃。部分除了去皮的番茄等，原則上所有蔬菜都必須加熱。	這個時期最常見的就是雜燴粥。除了魚類、昆布高湯，還可以使用番茄、蔬菜做為基底，或是使用鮮奶等乳製品，在切割食材時多費點心思，讓味道或是軟硬度多些變化。別忘了山藥必須充分加熱。

※▲表示可以逐漸、少量給予的食材。

9～11個月左右 咬食期的進行方式

從副食品攝取到的熱量或是營養素增加。
食慾變得更強，也會開始想要動手抓取食物。

一天吃3次副食品。營養方面變得更為重要。

這時期的鐵質容易攝取不足。很想用手抓食物

一天吃3次，一半以上的熱量及營養素皆可以從副食品中攝取。這時期（母乳的）鐵質開始變得不足，所以更必須考量營養均衡的問題。此外，由於舌頭運作更靈活，也是練習咀嚼能力的重要時期。「想要動手抓食物吃」的慾望也很強烈。寶寶會藉由「用手抓食物吃」，學習對食物的感受。所以盡量讓寶寶自由自在地用餐吧！

可以進入咬食期的訊號

- ☐ 月齡達9個月
- ☐ 吃東西時，嘴巴會左右移動
- ☐ 能用牙齦啃咬塊狀的食物

咬食期的時間規劃範例

前半段・後半段方式相同

- 第1次（早上）：母乳・配方奶
- 第2次（中午前）：副食品＋母乳・配方奶
- 第3次（下午）：副食品＋母乳・配方奶
- 第4次（傍晚）：副食品＋母乳・配方奶
- 第5次（晚上就寢前）：母乳・配方奶

變成一天餵食3次副食品也要調整母乳、配方奶的量

每天餵食副食品的次數增加為3次。剛開始時，每次的分量較少也沒關係。逐步停止給予餐後奶。讓3次用餐的時間能夠固定下來。

11個月開始，可以逐漸調整成與全家人在相同時間用餐

到了後半段，可以將用餐時間固定為早、中、晚，貼近全家人的用餐時間。雖然這時候寶寶會出現對食物的喜好，但是比起味道，寶寶之所以不喜歡吃某些食物的原因大多是纖維較多或難以吞嚥等。媽媽可以多費點心思，例如做成黏糊狀，或是與其他食材混合料理。

這個時期該注意的重點

吸管
學習杯

已經可以不動嘴唇地喝東西 避免使用吸管或是學習杯

有研究報告顯示，習慣使用有吸管的學習杯，會導致寶寶舌頭發展遲緩，而影響說話的發音。進入1歲之前，可以逐漸讓寶寶練習直接用杯子喝東西。

發育特徵

咀嚼能力更發達。舌頭動作也更活潑

舌頭可以確實前後、上下，甚至是左右運動。此外，到了這個時期，門牙也長出來了，所以可以先用門牙切斷食物，再用牙齦壓碎。

坐著用餐的重點

為了讓手能夠拿到食物，要調整身體與椅子的距離

咬食期時，寶寶會想要用手抓食物來吃，用餐時要注意椅子以及寶寶坐的距離。為了讓寶寶能夠順利拿到餐點，椅子必須靠近餐桌，所以要讓寶寶稍微往前坐。

促進成長發展的餵食方法

如果不阻止寶寶玩食物，也要控制用餐時間，在15～20分鐘左右結束

扔扔丟丟也是成長發育必經的過程

寶寶手抓食物來吃時，往往會看到他扔丟食物，或是壓碎在桌子上玩，但是寶寶其實可以接觸、學習到食物的形狀與軟硬度。考量到這是成長發育的過程，就讓我們放手、從旁看顧吧！

咬食期烹調範例 食材的軟硬度&大小

無法用舌頭壓碎，必須要用牙齦磨碎的食物。烹調食物時，請準備讓寶寶無法一次整個吞嚥下去的大小與軟硬度。

熱量來源（例如：白米）

前半段

白米1：水5的普通白粥

煮到可用牙齦簡單壓碎的軟硬度，一般成人所食用的普通白粥。

後半段

白米1：水3的軟飯

與前半段比起來，烹煮所需的水分較為減少，接近較白粥更硬一些的軟飯。

維生素・礦物質來源（例如：胡蘿蔔）

前半段

可用牙齦壓碎的香蕉軟硬度

維持固狀、可用牙齦壓碎、類似香蕉的軟硬度，切成5mm的大小。蔬菜與水果的比例約為3：1。

後半段

軟硬度相同但是形狀較大

後半段與前半段同樣是煮到類似香蕉的軟硬度，並切成7mm大小。蔬菜與水果的比例約為3：1。

蛋白質來源（例如：白肉魚）

前半段

可直接用牙齦壓碎的軟硬度

水煮後，切成5mm的大小。可用牙齦輕易壓碎的軟硬度。留意若煮得過久會變得較硬。

後半段

做成7mm的大小，並且煮成黏糊狀

煮到可用牙齦壓碎的軟硬度，並切成7mm的大小。若難以食用，可煮成黏糊狀，以利於吞嚥。

媽媽前輩們的副食品報告

咬食期

母乳量減少，飯量增加

女兒開始吃副食品之後，食慾就非常旺盛，經常都在吃東西。目前我還沒有做任何調味。就算食物掉得到處都是，她還是用手不停抓食物來吃。

某天的副食品菜單

・白粥 ・番茄、洋蔥、胡蘿蔔、茄子湯
・小黃瓜與小松菜沙拉 ・煮白蘿蔔&胡蘿蔔 ・豆腐

若穗囲理佳媽媽
實莉寶寶（9個月大）

咬食期可以食用的食材列表

這個時期，從副食品取得的營養素比例大幅增加。請注意營養均衡的問題。

調味料・油脂 使用方法請參照P.150	蛋白質來源	維生素・礦物質來源	熱量來源
吞食期食材	吞食期食材	吞食期食材	吞食期食材
壓食期食材	壓食期食材	壓食期食材	壓食期食材
+	+	+	+
醬油	鱈魚	彩椒	炊粉（米粉）
味噌	竹筴魚	蓮藕	義大利細長麵
▲鹽	沙丁魚	牛蒡	通心粉
▲油膏	秋刀魚	豆芽菜	鬆餅
▲味醂	青魽	毛豆	
▲鰹魚高湯粉	牡蠣	海帶芽	
▲雞湯粉	帆立貝	紫菜	
▲白醬油	蛤蠣／蜆	山藥昆布（薯蕷昆布）	
▲胡椒	雞里肌肉	寒天（洋菜）	
▲柚子油醋醬	雞肉（雞胸、雞腿）	涼粉	
▲沙拉沾醬	牛肉（瘦肉）	海髮菜（褐藻）	
▲烤肉醬	豬肉（瘦肉）	所有菇類	
▲咖哩粉	肝臟	酸梅	
▲甜麵醬	黃豆（水煮）		
▲沙拉油	豆腐		
▲芝麻油	蛋白（全蛋）		
儘量不用，但如果一定要使用，注意用量要幾乎沒有味道，只要稍微加入一點調味就好。鹽、醬油、味噌等鹽分較高的調味料盡量到嚼食期後再添加。	有助腦部運作、DHA豐富的青背魚也OK。鱈魚等白肉魚也可以從咬食期開始給寶寶吃。雖然也可以給寶寶吃蛤蠣或是蜆，但是加熱後會變硬，可以費點工切碎後煮湯。可以食用肝臟或是瘦肉來補充鐵質。	可以吃菇類了。由於鐵質容易不足，可以積極攝取紫菜等鐵質含量較多的食材。毛豆要先去除薄膜後再給寶寶吃，否則會有噎到的危險，必須特別注意。	煮得軟爛的義大利細長麵或是通心粉等義大利式麵類雖然也適合給壓食期的寶寶吃，但正常來說還是建議到咬食期再開始給寶寶吃。由於炊粉比較有咬勁，煮軟後要切細碎再給寶寶吃。

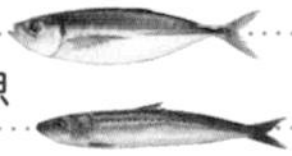
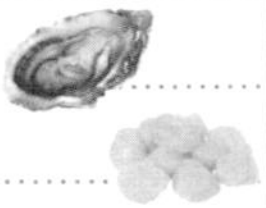

※▲表示可以逐漸、少量給予的食材。

1～1歲半左右 嚼食期的進行方式

寶寶吃東西的能力越來越好，也越來越喜歡用手抓食物。
培養寶寶確實咀嚼的習慣，吃副食品的時期也差不多要告一段落。

幾乎所有營養都來自於副食品

藉由一天3餐以及點心來攝取均衡的營養

嚼食期是進入幼兒餐的前置階段，這時期寶寶的內臟功能尚未發育成熟，用餐量因人而異，光是一天3餐並無法獲得充分的營養，必須在2餐之間攝取「補充食品」，補充不足的營養素。這個時期，寶寶更常邊玩邊吃或是用手抓食物。邊玩邊吃的情況會持續到2～3歲，這個時期正是寶寶慾望大幅發展的時期，請從旁耐心陪伴吧！

可以進入嚼食期的訊號

- ☐ 1歲了
- ☐ 一天固定吃3餐
- ☐ 越來越喜歡用手抓食物來吃
- ☐ 能夠用門牙或牙齦咬住食物
- ☐ 能夠將塊狀食物放在口中上下左右移動後食用

配合3次的用餐量，再增加1～2次的點心

固定一天3餐。但是每次的用餐量不盡相同，所以可能會營養不均。如果遇到這種情形，可以在2餐之間加入一天1～2次的點心時間，補充包含飲品等必要的營養來源。

離乳取決於用餐的時間，調整好一整天的生活作息

離乳取決於用餐的時間，例如：晚餐在19點前食用，20點上床睡覺等，建立好準備進入幼兒餐的一天生活作息。此時，寶寶的牙齒可以咬斷食物，牙齦也可以啃咬食物，建議應該從餐點中攝取75～80%必要的熱量、營養素。

這個時期該注意的重點

和大人分食時，應注意味道的濃淡與軟硬度

雖然寶寶已經可以吃各式各樣的食物了，但是和大人分食時，仍應注意要稀釋2倍以上。寶寶的咀嚼能力還很弱，應依月齡給予適當軟硬度、大小的食物。

發育特徵

雖然嘴巴動作已經很發達，但是咀嚼能力尚未成熟

雖然寶寶的嘴巴已經能夠確實運作、啃咬食物，但是咀嚼能力還很弱，應注意食物的軟硬度。後半段時期，寶寶會長出犬齒與第一乳臼齒、門牙（上下各4顆），所以已經可以咬斷食物。

坐著用餐的重點

雙腳必須確實放在腳踏板上用餐

如果雙腳沒有好好放在腳踏板上用餐，就無法確實發揮咀嚼能力。為了方便能夠用手或是湯匙用餐，寶寶坐在椅子上時，必須調整手肘至可以放置於餐桌的高度，腳也要能確實踏在地板或是腳踏板上。

促進成長發育的餵食方法

想要使用餐具用餐的時期 用叉子不如用湯匙

這時，寶寶會想要用手抓食物，也想使用湯匙等餐具，為了讓寶寶有「想要自己吃飯的慾望」，盡量讓寶寶自由發揮。比起必須張開嘴巴才能吃到東西的叉子，建議可以多多利用湯匙讓寶寶練習開闔嘴唇、促進咀嚼能力。

嚼食期烹調範例　食材的軟硬度&大小

軟硬度接近成人食用的程度。標準是軟硬適中的「肉丸」。

熱量來源（例如：白米）

前半段

水分稍多的軟飯

這個時期建議給寶寶吃有用較多水量煮成的「軟飯」。適當分量為90g（略少於兒童餐碗1碗的程度）。

後半段

與成人一起食用白飯即可

讓孩子食用與成人相同軟硬度的白飯。適當份量為80g（兒童餐碗八分滿的程度）。

維生素・礦物質來源（例如：胡蘿蔔）

前半段

用湯匙即可輕鬆切斷的軟硬度

煮到稍微用湯匙就能切開、類似肉丸的軟硬度。切成8mm的大小。蔬菜與水果的比例約為3：1。

後半段

軟硬度與前半段相同，但是形狀稍大

與前半段同樣是煮到稍微用湯匙即可切開、類似肉丸的軟硬度。切成1cm的大小。蔬菜與水果的比例約為4：1。

蛋白質來源（例如：白肉魚）

前半段

用湯匙背面即可壓碎的軟硬度

整塊蒸烤後，切成1cm大小。用湯匙背面按壓即可輕鬆壓碎的軟硬度。

後半段

有硬度，可以用牙齦壓碎的形狀

整塊蒸熟或是稍微煎烤一下，切成1.5cm大小。有咬勁，可用牙齦磨碎的軟硬度。

媽媽前輩們的副食品報告

嚼食期

井上啓子媽媽
豪寶寶（1歲3個月大）

用手抓食物，超 high！

食慾旺盛，會想把手伸到餐桌上的碗盤，讓人煮起飯來超有成就感。寶寶非常想要自己吃東西，所以必須煮成容易入口的形狀。這次我就在一口飯糰上灑上一些黃豆粉。

某天的副食品菜單

・黃豆粉飯　・豆腐海苔味噌湯
・吻仔魚霙煮*　・奶油煎南瓜　・番茄　・香蕉

*註：加入蘿蔔泥一起煮的一種烹調方式。

嚼食期可以食用的食材列表

這時期的寶寶可以吃各式各樣的食物了。在點心方面，可以增加熱量來源的穀類食材。

調味料・油脂 使用方法請參照P.150	蛋白質來源	維生素・ 礦物質來源	熱量來源
吞食期食材	吞食期食材	吞食期食材	吞食期食材
壓食期食材	壓食期食材	壓食期食材	壓食期食材
咬食期食材	咬食期食材	咬食期食材	咬食期食材
+	+	+	+
油膏	鯖魚	香辛料	速食麵
白醬油	▲蝦	酪梨	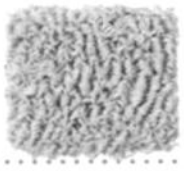
沾麵醬汁	▲蟹 	▲鳳梨	
甜麵醬	烏賊 	▲水果乾	
蜂蜜	章魚	▲加味海苔	
▲豬排醬（伍斯特、中濃）	▲明太子	▲韓式海苔	
▲雞汁（市售）	鮭魚鬆	▲佃煮[*1]海苔	
▲鹽 	魚肉香腸	▲炊熟海帶芽[*2]	
▲味醂 	▲魚板	▲大蒜	
▲沙拉油	▲竹輪	▲生薑	
▲芝麻油	▲蟹味棒	▲果醬	
	牛豬絞肉	▲芝麻醬	
到了這個時期，和成人分食的機會增加。建議全家人可以吃得清淡一些。	培根 	▲飯友香鬆	
	火腿		
	香腸		
雞汁（市售）請選擇添加物較少的產品，少量使用。並非所有餐點的調味都要清淡，可以做些有濃淡、口感差異的菜色（例如主食沒有調味，主菜稍微加些醬油等）。	蝦、蟹等可能會導致過敏，應於1歲過後再給寶寶吃。欲使用火腿、香腸、培根等加工食品時，可以選擇添加物或是鹽分較低的，並且僅使用極少量。	酪梨可以在壓食期過後少量餵給寶寶，但是由於脂肪含量較高，最好還是1歲過後再給寶寶吃。可以加入牛蒡、蓮藕、竹筍等一起烹調，吃起來會更有樂趣。	幾乎可以食用所有穀類。速食麵比較難消化，應於1歲過後再給寶寶吃。不過速食麵含有大量添加物，鹽分也較高，一定要先用熱水燙過。雖然此類食材容易烹調成可以用手抓來吃的食物，但是要注意，如果寶寶一次塞太多食物到嘴巴裡，可能會噎到。

※▲表示可以逐漸、少量給予的食材。

註
*1：一種傳統日本家庭式烹調方式。一般做為佐飯的配料，味道甘甜而帶鹹味，在烹煮過程中，調味料會變得濃稠。通常以海產或是蔬菜、菇類等為基底，加入醬油和糖，有時也會加入昆布、味醂等提升風味。
*2：將海帶芽以炊煮方式乾燥而成的食品，可用來拌飯、做成飯糰等。

從吞食期到嚼食期

一天的副食品菜單範例

在此介紹從吞食期到嚼食期，最理想的一日菜單範例以及菜單設計。

緊扣基礎搭配，聰明設計菜單！

副食品只有一點點，做起來相當費工。很多人光是想到菜單的搭配，就會覺得很頭痛。然而，副食品菜單的基礎搭配並沒有想像中複雜。必須特別注意的重點是「讓寶寶能夠攝取到均衡的營養」，並且「提供配合成長發育所需的分量與軟硬度」。

壓食期過後，可以選取熱量、維生素・礦物質、蛋白質中所羅列出的食材來製作成餐點。咬食期之後，一天變成吃3次，在菜色搭配上的確會有點辛苦，但是其中1餐可以做成義大利麵或是三明治，就能攝取到許多營養素。利用這種方法就能減少準備工夫，輕鬆渡過這段時期。

吞食期菜單範例

菜色方面，以研磨至滑順的白粥，再混入黏糊狀的蔬菜或白肉魚為主。

菜色要重視口感滑順度

吞食期並不需要嚴謹地思考菜色，只要以攝取熱量的主食為中心，少量放入主菜、配菜就OK。

- 白粥…P.42
- 甜煮鯛魚與花椰菜…P.85

壓食期菜單範例

- 水果燕麥粥…P.51
- 蔬菜濃湯…P.95

菜色方面，以煮軟至易於入口、可以用舌頭壓碎的軟硬度為主。

注意3大營養素

壓時期時一天會吃2次副食品，可以使用的食材逐漸增加，請想出能夠均衡攝取熱量、維生素・礦物質、蛋白質等3大營養素的菜色吧！

- 白粥…P.42
- 甜煮白菜與鮭魚…P.67

咬食期菜單範例

也可以做成容易用手抓來吃的餐點

一天吃3次副食品。以主食為主，早餐為主食與主菜＋配菜、中餐為主食與配菜混合的單品料理，晚餐則是主食、主菜、配菜各別分開。也可以替換成容易用手抓來吃的餐點。

早餐

- 麵包捲（圓麵包）
- 彩椒歐姆蛋…P.100

在烹調方面，應注意要煮到可以用牙齦磨碎的軟硬度，也可以直接給寶寶容易用手抓來吃的麵包。

好用食材

義大利麵

義大利麵在調味、形狀方面的種類繁多，可以避免菜色一成不變。

午餐

- 番茄海底雞義大利細長麵…P.54

單品內就含有豐富營養素的好菜色。義大利細長麵是可以從壓食期開始少量給寶寶吃、很受寶寶喜歡的食材。

- 白粥…P.42
- 迷你雞塊…P.78
- 蔬菜湯

有主食（熱量）、主菜（蛋白質來源）、配菜（維生素、礦物質來源）共3道的範例。

蔬菜湯

材料

高湯	80ml
蔬菜（菠菜）	20g
奶油	少許

作法

1. 蔬菜煮軟，切成小塊備用。
2. 鍋內高湯煮沸後放入蔬菜，煮約1分鐘再加入奶油。

用手抓來吃也OK

迷你雞塊風

容易用手抓來吃，所以很推薦外出時食用。

嚼食期菜單範例

主食+主菜+配菜的菜色

早中晚的餐點，再加上1～2次的點心（補充食品）。思考設計出一天或是一週所必需的營養素，讓每次的餐點都有主食、主菜、配菜，共計3道左右的菜單吧！

早餐

- 玉米鬆餅…P.58
- 水煮蔬菜棒

鬆餅或是切成棒狀的蔬菜，寶寶很容易用手抓來吃，很適合在忙碌的早晨給寶寶吃。

水煮蔬菜棒

材料

小黃瓜……15g
胡蘿蔔……15g

作法

❶ 胡蘿蔔煮軟。
❷ 小黃瓜去皮。
❸ 將①與②分別切成各約3cm的細長棒狀後裝盤。

點心 上午

- 水煮蘋果…P.144

將蘋果切成適當大小，加水煮軟後，即可成為水煮水果類的點心。

好用食材

納豆

富含維生素B群的優良蛋白質來源。易於吞嚥，只要攪拌就能夠產生黏糊感。

午餐

- 納豆韭菜炒飯…P.56

炒飯是可以迅速上桌的方便菜色。只要注意營養均衡，以及調味清淡即可。

點心 下午

- 嬰兒餅乾…P.145
- 麥茶

聰明運用嬰兒食品（→P.142）吧！如果點心較乾，可以多準備一杯麥茶。

嚼食期的點心

嚴守適量原則

考量嚼食期以後，寶寶在飲食攝取量以及營養均衡方面容易不足，可以加入一些點心補充營養。點心要在固定時間給予，同時考量給寶寶的飲品分量。

用手抓來吃也OK

餅乾

孩子很喜歡方便用手抓來吃的餅乾。市售嬰兒食品種類也相當豐富。

海帶芽湯

材料

高湯……100ml
海帶芽（反覆切碎）……1小匙

作法

❶ 高湯放入鍋中煮沸。
❷ 將海帶芽放入①的鍋中，煮約1分鐘。

好用食材

海帶芽

家庭常備的乾燥海帶芽中富含每日必須的礦物質，烹調方法也相當簡單！

晚餐

- 軟飯…P.42
- 烤南瓜豬肉捲…P.83
- 海帶芽湯

一天3餐，每餐的主食皆為白飯也OK。可以藉由主菜、配菜攝取均衡營養。

寶寶營養學&料理專家的建議

讓媽媽、寶寶都能享受副食品的祕訣

帝京科學大學教授（營養學博士）
上田玲子教授

剛開始不順利是理所當然的。我們也能夠藉由這些煩惱，拓展人生的寬度

有些孩子一開始就很喜歡吃副食品，但是也有的孩子不太願意吃或是討厭蔬菜，媽媽其實不用過於擔心。每個寶寶都大不相同，副食品的進展當然也要因人而異做一些調整。即便不太順利，也是正常的，不要勉強，隨著寶寶的步調前進吧！特別是在吞食期，寶寶容易變得神經兮兮，由於這個時期營養的主體還是母乳，所以不需要太拘泥於親自製作餐點，可以試著運用市售嬰兒食品（→P.132）。此外，如果母乳足夠，也可以加入食物當中，讓餐點味道接近母乳會讓寶寶更願意放心食用，或者也可以選擇豆腐等口感較佳的食物給寶寶吃。即使有說不盡的煩惱，能夠藉由副食品來逐漸理解寶寶，也是很寶貴的經驗。

製作副食品時遇到挫折是很寶貴的經驗。
寶寶喊著「不要不要！丟！」也都是成長的過程。

POINT

- 寶寶不想吃的時候，可以試著加一些母乳到食物裡。
- 不順利是理所當然的。煩惱也可以視為一種經驗。

料理研究家
上田淳子老師

要知道，不同的寶寶在不同日子，會不斷改變喜好。

我有一對雙胞胎兒子，他們對於食物的喜好全然不同。有時候一個兒子超喜歡的食材，另一個兒子卻完全不領情，所以製作副食品時真是非常辛苦。不過，實際體驗過後，我的感想是每個寶寶都有自己的個性，對於食物的喜好當然會有不同。再加上孩子喜好的食物會不斷改變，所以其實不用太過在意。就算是遇到孩子怎樣都不願意吃的情況、棘手的食材等，就當作「製作副食品是對未知的挑戰」，好好享受在其中東摸摸、西摸摸的嘗試樂趣吧！媽媽如果有壓力，也會傳達給寶寶，所以重點是要放輕鬆、有耐心、持續地努力。

寶寶對食物的喜好會不斷改變，請耐住性子、不斷嘗試唷！

POINT

- 「製作副食品是個未知的挑戰」請放輕鬆享受過程吧！

Part 2

那麼，開始來做副食品吧！

既然已經知道了基本原則，接著就來實踐吧！
本章會針對「主食」、「蔬菜・菇類」、「肉類」、「魚類」、
「雞蛋・乳製品」、「豆類・乾貨」等各種食材，
介紹許多廣受寶寶歡迎的菜單。
請務必參考烹調重點以及建議唷！

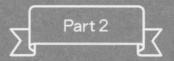

必備烹調器具

製作副食品時，不可或缺！

為了製作讓寶寶易於食用的副食品，在此介紹一些必須事先準備好的烹調器具，以及方便的烹調小工具。

磨泥器

多準備幾個比較方便

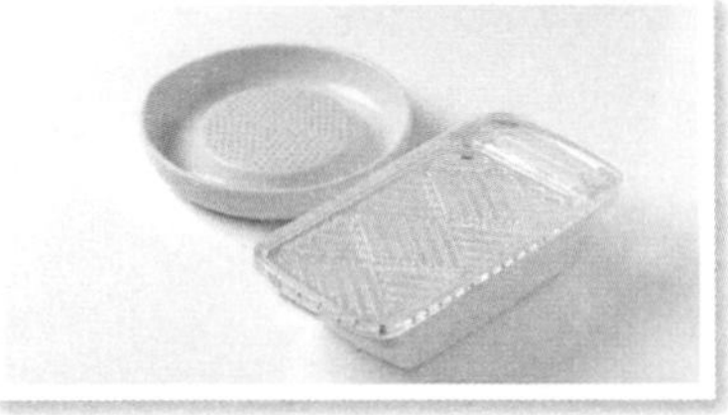

剛開始餵食副食品時可以磨碎食材的重要器具。磨泥器的材質或是磨泥孔洞的大小會影響成品，請依時期與用途選擇。

小湯鍋

少量烹調的必要鍋具

烹煮副食品時，大多只會用到少量的蔬菜或是肉類，小尺寸的鍋子會比較適合。為了方便煮白粥，可選用有握柄的鍋子。

量匙

量測15ml以下的材料

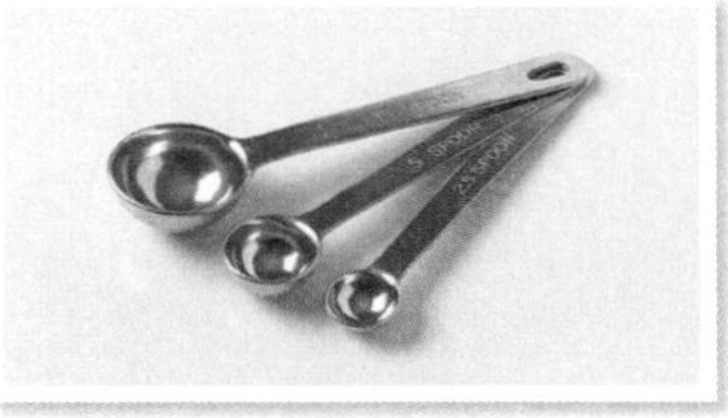

量測少量材料時使用。除了大匙（15ml）、小匙（5ml），還有可量測1/2大匙、1/2小匙等計量用器具。

量杯

量測水或米用

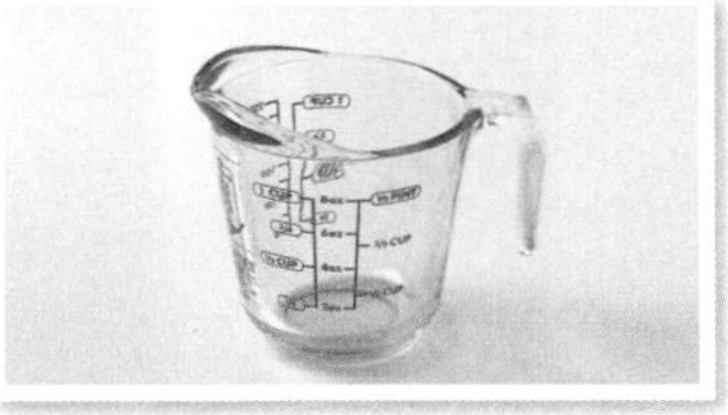

用於量測水、米，或是高湯等容量。最好選擇刻度標示較大、可以清楚確認的量杯。如果是可用於微波爐的耐熱量杯，也相當方便。

壓碎器

快速壓碎蔬菜

用於壓碎煮熟蔬菜時。先將整塊南瓜或是馬鈴薯等煮熟後，再用壓碎器壓碎即可輕鬆、快速把食物處理得滑順好吞嚥。

榨汁機

榨取果汁

相當方便的工具，可用於製作現榨果汁。將橘子或是柳橙連皮對切後，即可毫不費力地榨出果汁。

副食品烹調小物組

這個也很方便！

一網打盡所有的必要器具

副食品烹調小物組，一網打盡榨汁、切開、磨碎等各種費工程序所需的必要器具。所有器具都可以堆疊收納成一組。

寶寶副食品的必備餐具

湯匙

副食品專用湯匙。有分成可以讓大人方便餵食的形狀以及方便寶寶可以自行使用的形狀等，可依時期選擇適當的形狀或材質。大人協助餵食時，可以選擇握柄較長、凹槽較淺的湯匙。到了寶寶想自己用手抓食物來吃的咬食期，則可以給寶寶手掌大小的輕質塑膠湯匙。寶寶可以自己一個人使用湯匙用餐後，也可以改用不銹鋼材質的湯匙。

器皿・碗盤

吃副食品時用的餐具最好能方便盛裝餐點及餵食。耐熱用的餐具可以用微波爐加熱，也可以用微波爐或是沸水消毒，相當方便。

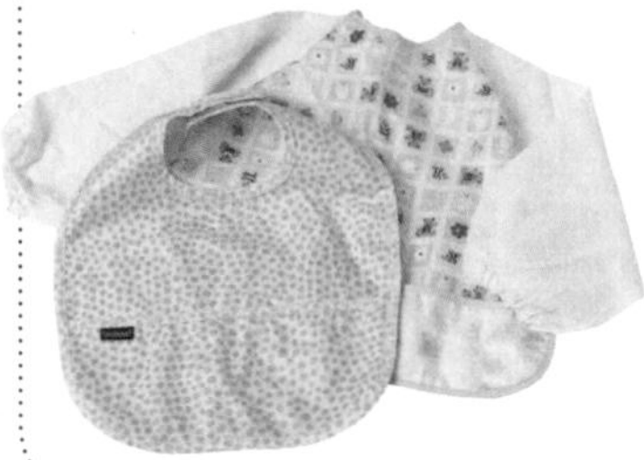

圍兜

種類繁多，有些是像是罩衫一樣的圍兜，或是附有可以接住掉落食物的口袋型塑膠圍兜等。

篩網

多用途的便利器具

欲過濾少量食材時，相當方便。可以用來去除海底雞罐頭的湯汁或是去除小魚乾的鹽分、過濾高湯等。

研磨缽、研磨棒

吞食期的重要器具

欲將蔬菜或是白粥等食材處理得易於滑順、好入口時使用。建議選擇可輕鬆使用的小尺寸研磨缽。

食物剪刀

可以代替刀子

可剪碎蔬菜和麵類的重要器具。可以剪開肉類，也可以輕鬆去除外皮或是多餘的脂肪等，相當方便。

開始烹調前，先看一下這裡！

製作副食品的基本烹調技巧

在此介紹副食品的基本烹調技巧，以及備料時經常會用到的烹調器具使用訣竅。

配合寶寶成長，在烹調方法上多費點心思吧！

為了讓寶寶能夠方便食用副食品，往往得要費工去壓碎、研磨、過濾食材等。比方說，為了讓消化吸收功能尚未成熟的寶寶能夠食用，吞食期副食品的製作重點是要盡量做得滑順好入口。將蔬菜煮軟、切碎纖維，為了不要殘留纖維還要過篩網研磨，接著，為了讓寶寶容易食用，還要再用高湯等稀釋得滑順好入口。

就像這樣，製作副食品的重點是必須配合寶寶成長發展來改變食物的大小與軟硬度。在此，將介紹製作副食品時必要的基本烹調技巧。

磨碎

吞食期與壓食期，製作糊狀副食品的烹調法。

1

蔬菜煮軟

蔬菜或魚肉等食材必須事先煮軟。

▼

2

食材趁熱放在研磨缽中磨碎

食材煮好後，趁熱放在研磨缽中，用研磨棒磨碎。水分含量較少的食材，可以加入高湯等稀釋。

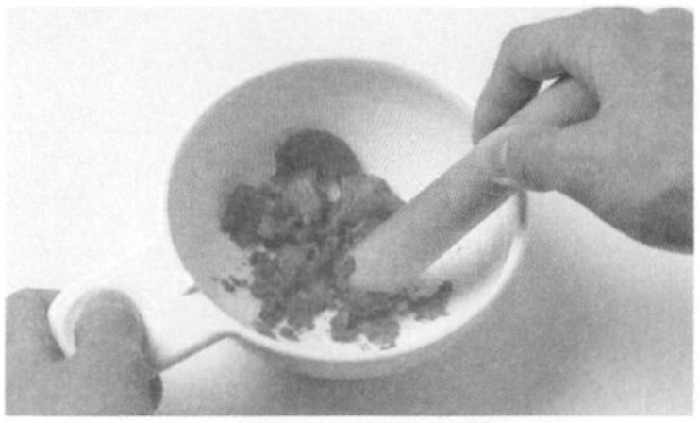

小型的研磨缽，比較不易沾黏

副食品專用的小研磨缽比較不會沾黏食物，相當方便。像是菠菜等纖維較多的食材，可以先切碎再磨碎。

磨泥

在吞食期、壓食期間，這方法很好用。
可依食材決定處理方式。

將煮熟的固狀食材磨成泥

將胡蘿蔔等根莖類煮熟後磨成泥，即可變得滑順好吞嚥。像是蘋果等可以直接食用的食材，則在要吃之前才磨成泥。

將質地較軟的食材先冷凍起來，比較方便磨泥

可以將麵包、肉或是魚等質地柔軟的食材先冷凍起來，欲使用時直接在冷凍狀態下磨成泥，就會很輕鬆。

欲加熱時，也可以直接磨泥在鍋子裡

如果磨好泥的食材需要立刻加熱，也可以直接磨到鍋子裡。這樣一來，需要清洗的器具較少，就會比較輕鬆。

壓碎・弄軟

進入壓食期後半段，
可以適當保留食材軟硬度或形狀。

加熱煮熟食材

用熱開水將蔬菜或是魚肉等加熱煮熟。維持食材原狀，直接煮熟即可。

▼

濾掉水分，趁熱壓碎食材

濾掉水分後，利用叉子或是湯匙背面在容器內按壓食材即可壓碎。也可以利用同樣的方法將白肉魚弄軟爛。

如果分量較多，使用壓碎器會比較方便

處理較多南瓜或是馬鈴薯等食材時，使用壓碎器即可一次壓碎大量的食材，相當方便。

過篩網

將菠菜、洋蔥等纖維較多的蔬菜
弄成糊狀好吞嚥的技巧。

煮熟食材

煮熟蔬菜。葉菜類蔬菜僅使用較軟的菜葉部分。

▼

用篩網過濾

將煮好的蔬菜放在篩網上，利用湯匙的背面往篩網的方向按壓食材，即可進行過篩。為了衛生問題，應將篩網上所殘留的固體、皮、種籽等去除，並充分洗淨。

如果量少，亦可使用粗網目的篩網

過濾少量蔬菜湯汁時，使用粗網目的篩網比較方便。過完篩後，再加入高湯或是湯汁稀釋，寶寶就可以輕鬆飲用。

切斷・切碎

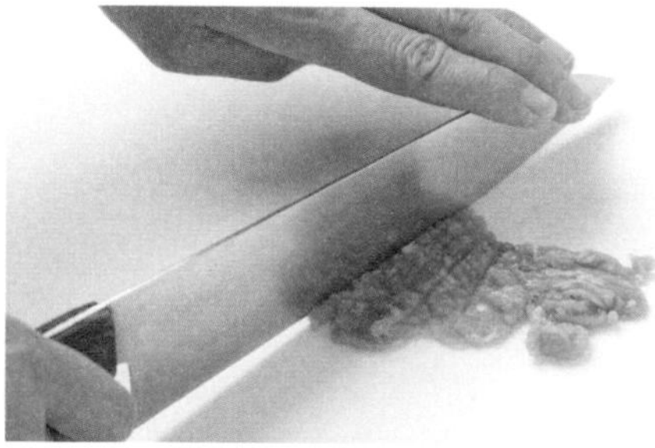

肉類方面，垂直纖維切割即可使肉變軟

肉類應仔細去除筋或是脂肪部分後再切割。垂直切割纖維可使肉質變軟，也比較容易加熱。

切碎蔬菜時，先縱切再橫切的方式切斷纖維

蔬菜煮熟後必須切斷纖維。切碎時，為了不要殘留纖維，可以先縱切，再橫切。

切片

將細長的蔬菜切成小薄片，從邊緣開始，以一定的寬度垂直切割纖維。切割的厚度會依食材或副食品時期而有所改變。

切絲

細切成厚約3mm的切割法。可沿著纖維切，或是垂直切割纖維，切好再加熱即可產生柔軟的口感。

切粗末

比切碎末再稍微大一點，約4mm塊狀的粗切割方法。比起切碎蔬菜後再煮，先煮過再切碎，蔬菜會變得較軟，也會產生甜味。

切碎末

切碎食材的方法。先將食材切絲，再從邊緣開始仔細切碎。標準尺寸約為2mm塊狀。

做出黏糊感

讓食物能夠順利吞嚥、易於食用的必備烹調技巧。原本難以入口的食材可因此變得易於食用。

黏糊度的標準，
差不多就是這樣！

日本太白粉1：水2的比例混勻

使用日本太白粉時，要先在鍋中把食材煮好，再加入以相同比例水量溶解的日本太白粉。如果想要一口氣倒入，必須要快速攪拌，才能做出黏糊的勾芡。如果不趁熱攪拌日本太白粉，就無法產生勾芡。所以重點是要在食材煮沸狀態下放入。

利用日本太白粉

利用白粥

黏糊的10倍粥本身已有一定的黏性，非常適合加入任何食材中，最適合用來做出黏糊感。

利用優格

滑順的優格非常適合用來做出黏糊感。只要將食材直接混入即可，相當簡單、方便。

利用馬鈴薯

富含澱粉的馬鈴薯必須要在生的狀態下磨成泥，加入食材後再加熱即可做出黏糊感。

為了更安心、安全的烹調

寶寶對細菌的抵抗力相當弱，因此製作副食品時的衛生管理非常重要。再者，由於副食品的水分較多，製作時還要控制鹽分，因此比較容易滋生細菌。

烹調前務必要用肥皂清潔雙手，烹調過程中也要勤洗手。會直接接觸到食材的烹調器具或是寶寶用的餐具都要注意清潔，烹調後也要洗淨、消毒。保存副食品時，如果還有餘熱就蓋上蓋子，蓋子內側會產生水珠而滋長細菌。所以請務必放涼冷卻後再蓋上蓋子。

使用完烹調器具，必須以熱開水消毒

烹調器具用畢後，必須用餐具專用清潔劑清洗並煮沸或是淋上熱開水消毒。之後，也要確實使其乾燥、注意保持清潔。

白粥的煮法

副食品的基本主食——「白粥」的美味煮法！

1 白米洗淨、開大火煮

洗淨白米後，浸置於水中約30分鐘，將白米與水放入鍋中，開大火。

10倍粥400g（吞食期10餐的分量）
　＝3大匙白米＋450ml水

剩餘部分冷凍起來！(→P.122)

7倍粥400g＝$3^{1}/_{3}$大匙白米＋350ml水

5倍粥400g＝$4^{1}/_{3}$大匙白米＋350ml水

2 煮沸後，轉小火

煮沸後，改以表面不會冒泡的小火繼續煮40～50分鐘。鍋中的水分會持續蒸發。為避免食材噴出，鍋蓋僅需蓋住1/3～1/4鍋子面積即可。

火力大小，大約是這種程度

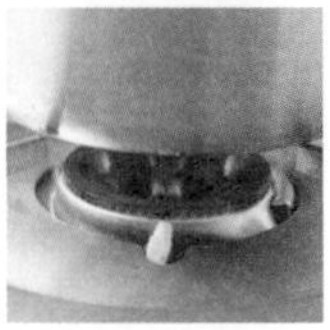

3 關火、悶煮

煮好後關火、蓋上鍋蓋悶煮15～20分鐘。吞食期時，必須將煮好的白粥磨碎，或是使用篩網過濾，讓白粥更為滑順、好吞嚥。

完成！

私房密技　交給電子鍋，不怕失敗，真輕鬆！

10倍粥，1/2杯白米配5杯水

7倍粥，3/4杯白米配5杯水

5倍粥，1杯白米配5杯水

如果電子鍋有煮粥功能，就試試看吧！可以煮到米芯膨脹飽滿，絕對不會失敗。也可以作為食材的軟硬度參考。

白米煮成粥的水量增減整理表

白粥應配合寶寶所處時期煮至適當的軟硬度。水量的比例為建議值，會因為火力調整等有所改變，請視情況予以調整。

成人白飯	軟飯（1～1歲半）	5倍粥（9～11個月）	7倍粥（7～8個月）	10倍粥（5～6個月）
白米1：水1.2	白米1：水3	白米1：水5	白米1：水7	白米1：水10

高湯的作法

稀釋副食品，或是當作湯品、水煮食物的湯底。親手熬煮高湯，其實很簡單！

柴魚高湯

1 白開水煮沸、放入柴魚片

鍋中加入白開水、開大火煮至沸騰。煮沸後轉小火，放入鰹魚片。

＜材料建議量＞

鰹魚片 15g：水 500ml

2 小火煮1分鐘

維持 1 的現狀不要攪拌，用微小火煮1分鐘。注意不要讓湯汁噴濺出來。

3 熄火

煮1分鐘後，關火、浸置，等柴魚片沉到鍋底。

4 濾掉柴魚片即完成！

用篩網，或是用廚房紙巾過濾 3 。將柴魚片完全撈乾淨後，放涼冷卻即完成！可放置於冰箱冷藏保存三天。

完成！

昆布高湯

私房密技 晚上先放入麥茶的沖泡壺，隔天早上就完成了

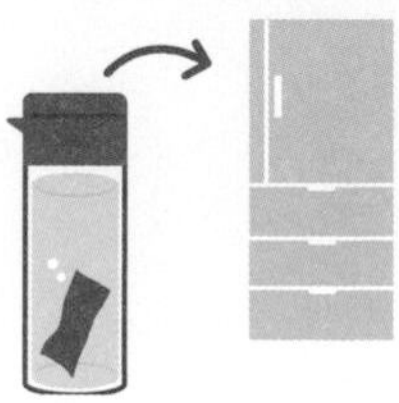

晚上先將清水與昆布放入麥茶的沖泡壺等容器中，隔天早上立刻就可以使用，相當方便。與柴魚高湯一起使用會更加美味。

乾燥昆布擦乾淨，泡在清水裡即可！

用浸溼的廚房紙巾輕輕擦拭昆布，泡在清水裡半天以上即完成。取出昆布即可使用高湯。為了避免昆布的鮮味成分流失，請勿水洗。可放置冰箱冷藏保存3天。

＜材料建議量＞

昆布片10cm：水500ml

主食

能夠幫助身體成長的熱量來源食品

每天的主食皆以米飯為中心 根莖類的維生素C相當豐富

穀類或根莖類屬於主食，是身體成長所不可或缺的食品。穀類可大致區分為「穀物」與「雜糧」。主食的代表性穀物是「白米」，還有麵包、麵條、義大利細長麵等原料的「小麥」，味噌或醬油原料的「豆類」，其他穀類即為「雜糧」。副食品時期，主食都是以穀物中的白米為主，設計、組合各種菜單。

馬鈴薯、芋頭等根莖類富含澱粉質，與穀類同被視為是熱量來源。根莖類的特徵是維生素C經過烹調不容易被破壞。馬鈴薯的纖維較少、番薯加熱後會增加甜味，都可用來製作寶寶喜歡的副食品。

容易處理的食材

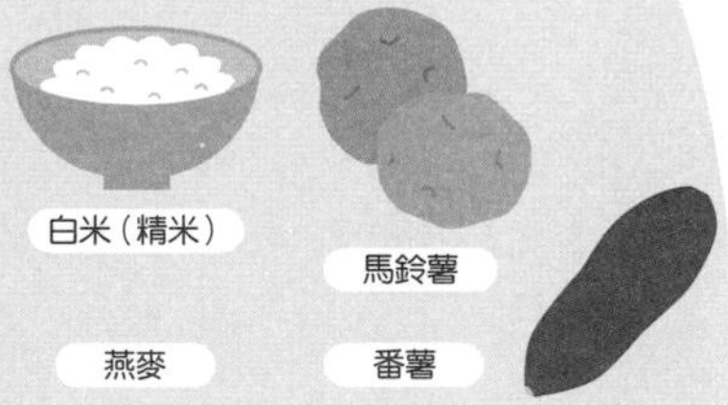

副食品時期，請將使用精製白米熬煮成的白粥當作經常性食物。胚芽米或是糙米難以消化，不適合用來當作副食品食材。務必先去除馬鈴薯皮以及芽眼後再進行烹調。

處理時必須特別注意的食材

麵包、烏龍麵等麵粉製品要注意過敏或是鹽分問題，應於6個月後再給寶寶吃。速食麵難以消化，應於1歲以後再給寶寶吃。為了預防過敏，不應於副食品期間給寶寶吃蕎麥麵。

烹調重點

白粥不需要調味，如果膩了就做成雜燴粥！

副食品的主食大多是白粥。基本上不需要調味，但是如果寶寶吃膩了，也可以混入不同的食材，味道就會因添加的食材內容而有所改變。再者，白粥具有黏糊感，加入的食材也會變得比較好吞嚥，是一舉兩得的做法。

如果白粥吃膩了
把菜切碎後混入，做成雜燴粥

料理專家
淳子老師的建議

基本主食是白粥or白飯

設計菜單的時候，很多人都會煩惱主食該做些什麼比較好。但是，基本上主食只要維持一種形式就OK了！特別是白米是每天都可以食用的優良食材。從幼兒時期開始就要灌輸「吃飯就是指吃米」的主食概念。

吞食期

主要食材

香蕉富含碳水化合物（醣類），因此可作為熱量來源。

首先，從日本人較習慣與親近的白米（白粥）開始。為了方便食用，必須先將該食材研磨得滑順好吞嚥。

熱量來源　維生素・礦物質來源

胡蘿蔔粥

5個月～

材料

胡蘿蔔……10～15g
10倍粥（→P.42）……2大匙

將胡蘿蔔切碎、煮熟，注意胡蘿蔔會比較難煮軟。

作法

❶ 將胡蘿蔔去皮、煮軟，磨碎至滑順狀。
❷ 將10倍粥放入①內，再研磨一次。

熱量來源　維生素・礦物質來源

蕪菁粥

5個月～

材料

蕪菁……10～15g
10倍粥（→P.42）……2大匙

蕪菁的皮必須厚切剝除，如果沒有處理好會殘留筋性。必須特別注意。

作法

❶ 將蕪菁的皮厚切剝除、煮軟，磨碎至滑順狀。
❷ 將10倍粥放入①內，再研磨一次。

熱量來源　維生素・礦物質來源

花椰菜粥

5個月～

材料

花椰菜（前花穗處）……10～15g
10倍粥（→P.42）……2大匙

花椰菜的前花穗比較不好處理，可以先將整朵花椰菜一起煮熟再切碎。

作法

❶ 整顆花椰菜煮軟，僅將前花穗處切下磨碎成糊狀。
❷ 將10倍粥放入①內，再研磨一次。

熱量來源 維生素・礦物質來源 蛋白質來源

菠菜吻仔魚粥

5個月～

材料

菠菜（菜葉）……10～15g
吻仔魚乾……5～10g
10倍粥（→P.42）……2大匙

為了不要殘留菠菜纖維，必須確實磨碎。

作法

❶ 將吻仔魚乾放在1/2杯的熱開水裡，浸置約5分鐘，以去除鹽分。將菠菜菜葉煮軟。
❷ 濾掉①的水分，將吻仔魚與菠菜過篩網，磨碎至滑順狀。
❸ 將10倍粥放入②內，再研磨一次。

熱量來源 維生素・礦物質來源 蛋白質來源

番茄豆漿粥

5個月～

材料

番茄……10～15g
豆漿（無調整成分）……10～25ml
10倍粥（→P.42）……2大匙

於番茄尾端割出十字紋，放入熱開水中，待皮翻起後，再浸置於冷水，即可輕鬆去除外皮。

作法

❶ 番茄去皮及種籽，磨碎至糊狀。
❷ 將10倍粥放入①內，再研磨一次。
❸ 將豆漿加入②後攪拌均勻，用保鮮膜包覆，放入微波爐加熱約20秒。

熱量來源 維生素・礦物質來源

香蕉菠菜泥

5個月～

材料

香蕉……20～30g
菠菜（菜葉）……10～15g

香蕉的甜味能夠掩蓋菠菜的苦澀味。

作法

❶將菠菜的菜葉煮軟，過篩，磨碎至糊狀。
❷將香蕉放入①內，再研磨一次。

熱量來源　維生素・礦物質來源

番薯蘋果泥

5個月～

材料

番薯……10～30g
蘋果……5～10g

蘋果會有致敏的風險，為了降低其過敏情形（→P.156），剛開始給寶寶吃時必須先加熱。

作法

❶ 將番薯、蘋果去皮，煮軟（湯汁取出備用）

❷ 將①磨碎至糊狀，適量加入剛才濾出的湯汁加以稀釋。

熱量來源　蛋白質來源

鯛魚馬鈴薯泥

5個月～

材料

鯛魚……5～10g
馬鈴薯……20～40g

建議剛開始給寶寶吃白肉魚時，先給予致敏風險較低的「真鯛」。此外也可以使用比目魚或是鱈魚。

作法

❶將馬鈴薯去皮、煮軟。中途再加入白肉魚，稍微煮過（湯汁取出備用）。

❷ 將①的馬鈴薯與白肉魚磨碎至糊狀，適量加入剛才濾出的湯汁加以稀釋。

熱量來源　蛋白質來源

黃豆粉馬鈴薯泥

5個月～

材料

馬鈴薯……20～40g
黃豆粉
……1搓～1小匙

黃豆粉必須充分攪拌至看不到一點粉末的狀態。

作法

❶ 馬鈴薯去皮、煮軟（湯汁取出備用）、磨碎至糊狀。

❷ 將黃豆粉倒入①，如果感覺很硬，可以適量加入剛才濾出的湯汁，加以稀釋。

主食 7～8個月 壓食期

主要食材 吞食期 P45 ＋ 烏龍麵 細麵 燕麥片 粉絲

寶寶習慣副食品之後，即可漸漸增加食材清單。拓展其舌頭觸感與味覺等的範圍。

熱量來源　維生素・礦物質來源　蛋白質來源

南瓜麵麩粥

7個月～

材料

南瓜……15g
麵麩……2個（2g）
5倍粥（→P.42）
……3大匙稍多（50g）

南瓜的澱粉質較多，用微波爐加熱即可充分變軟。

作法

❶ 南瓜去皮及種籽，煮軟後磨碎。

❷ 於鍋中放入①、5倍粥、切碎的麵麩、1大匙水，煮約2分鐘至麵麩變軟。

熱量來源　維生素・礦物質來源　蛋白質來源

小松菜碎納豆粥

7個月～

材料

小松菜（菜葉）……15g
磨碎納豆……12g
5倍粥（→P.42）
……3大匙稍多（50g）

寶寶的消化吸收能力尚未成熟，為了讓寶寶好消化，納豆必須先加熱。

作法

❶ 將小松葉菜葉煮軟、切細碎。

❷ 將磨碎納豆與5倍粥混合，稍微煮過。盛至容器後，放上①，攪拌均勻後給寶寶食用。

熱量來源　維生素・礦物質來源　蛋白質來源

胡蘿蔔麵麩高湯粥

7個月～

材料

胡蘿蔔……15g
高湯……1大匙
麵麩……2個（2g）
5倍粥（→P.42）
……3大匙稍多（50g）

麵麩可能會造成麵粉過敏，應少量給予，並觀察寶寶狀況。不能過度給予，必須注意控制分量。

作法

❶ 將胡蘿蔔去皮、煮軟、磨碎。

❷ 於鍋中放入①、5倍粥、切碎的麵麩、高湯，煮約2分鐘至麵麩變軟。

熱量來源　維生素・礦物質來源　蛋白質來源

白菜雞里肌粥

8個月～

材料

白菜（菜葉）……20g
雞里肌肉……15g
5倍粥（→P.42）
……5大匙稍多（80g）

白菜葉甜而柔軟，沒有苦澀味，很適合拿來作副食品。

作法

❶ 將白菜菜葉煮軟。中途放入雞里肌肉一起烹煮，完成後濾掉湯汁。
❷ 將①切細碎，與5倍粥混合均勻。

熱量來源　維生素・礦物質來源　蛋白質來源

草莓豆漿麵包粥

7個月～

材料

草莓……5g
吐司……15g
豆漿（無調整成分）……2大匙

麵包類可以立即變得柔軟，若時間不夠，這是很方便的食譜。

作法

❶ 吐司切邊後、撕成小塊，加入1又1/2大匙的水，使其膨脹。
❷ 稍微擠掉①的水分，加入豆漿後磨碎。
❸ 將②放入耐熱容器內，用保鮮膜包覆，放入微波爐加熱約15秒，稍微放涼後盛到容器內。
❹ 將草莓過篩網，淋在③上。邊攪拌邊餵食。

熱量來源　蛋白質來源

雞蛋麵包粥

7個月～

材料

水煮蛋蛋黃
……1小匙～1顆
吐司……15g

雞蛋可能會致敏，可以先給寶寶吃水煮蛋的蛋黃。依副食品進展的情形調整分量。

作法

❶ 吐司切邊後撕成小塊，加入3又1/2大匙的水，使其膨脹。
❷ 將①磨碎，放入耐熱容器內，用保鮮膜包覆，放入微波爐加熱約20秒。
❸ 加入水煮蛋蛋黃②，攪拌均勻至黏稠狀。

熱量來源 蛋白質來源

馬鈴薯優格

7 個月～

材料

原味優格……50g
馬鈴薯……45g

利用優格的滑順感，遮掩馬鈴薯沙沙的口感。

作法

❶ 將馬鈴薯去皮、煮軟、磨碎。
❷ 加入原味優格①，攪拌均勻。

熱量來源 維生素・礦物質來源 蛋白質來源

花椰菜馬鈴薯燉雞里肌

8 個月～

材料

雞里肌肉……15g
花椰菜（前花穗處）……20g
馬鈴薯……75g

作法

❶ 鈴薯去皮、煮軟。中途加入花椰菜與雞里肌肉，加熱。花椰菜僅切下前花穗處（湯汁取出備用）。
❷ 雞里肌肉切細碎。
❸ 磨碎馬鈴薯，與花椰菜一起混入①。利用湯汁調整軟硬度，至黏稠狀為止。

熱量來源 蛋白質來源

甜煮番薯豆腐

8 個月～

材料

番薯……75g
豆腐（磨碎）……1小匙

日本有一種高野豆腐可以在乾燥狀態下磨碎，是相當方便的食材。

作法

❶ 番薯去皮放入鍋中，加水蓋過番薯、煮軟（湯汁取出備用）。煮好後，用叉子壓碎。
❷ 清洗鍋子後，放入①、豆腐與3～4大匙的湯汁，以中火加熱，煮約1分鐘。

熱量來源　維生素・礦物質來源

水果燕麥粥

7個月～

材料

燕麥片……10g
柳橙汁……1大匙

燕麥片的膳食纖維豐富，可以在短時間內變軟，是可以隨時使用、非常方便的食材。

作法

❶ 將燕麥片與4大匙熱水放入耐熱容器內，浸置約2分鐘。用保鮮膜包覆，放入微波爐加熱約1分鐘。

❷ 快速攪拌①，再混入柳橙汁攪拌至糊狀。

熱量來源　維生素・礦物質來源

黃豆粉香蕉泥

7個月～

材料

香蕉……40g
黃豆粉……1小匙

黃豆粉如果沒有攪散，會難以吞嚥，應充分攪拌均勻。

作法

❶ 香蕉磨成細碎。

❷ 將黃豆粉加入①，充分攪拌均勻。

熱量來源　維生素・礦物質來源　蛋白質來源

南瓜鯛魚烏龍麵

8個月～

材料

南瓜……20g
鯛魚……15g
冷凍熟烏龍麵……55g

也可以使用20g的乾燥烏龍麵。這時可以先維持麵條形狀，煮熟後再切碎。

作法

❶ 烏龍麵切成4～5mm的長度。

❷ 南瓜去皮及種籽，鍋中放入南瓜與2/3杯水，開小火。

❸ 待②變軟後，用叉子壓碎，加入①後再煮約3分鐘。

❹ 於③中加入鯛魚，加熱後，用叉子將鯛魚弄碎。

主要食材 吞食期 P45 ＋ 壓食期 P48 ＋  義大利細長麵  通心粉  鬆餅

開始想用手抓食物來吃的時期。費心調整食物的形狀與軟硬度，讓寶寶可以記住抓東西的觸感、開心用餐。

熱量來源　蛋白質來源

起司玉米粥

9個月～

材料

罐頭奶油玉米……1大匙
5倍粥（→P.42）……6大匙
披薩用起司……12g

能夠在米飯中享受到玉米與起司的溫潤口感，是非常好入口的一道菜。

作法

❶ 將罐頭奶油玉米過篩網。
❷ 於耐熱容器內放入5倍粥、①與披薩用起司後攪拌均勻，用保鮮膜包覆。微波爐加熱約1分鐘，攪拌至糊狀。

熱量來源　維生素・礦物質來源　蛋白質來源

蔬菜雞肉中式粥

9個月～

材料

雞胸肉……15g
蔬菜（青江菜、菠菜等）……20g
5倍粥（→P.42）……6大匙
芝麻油……少許

芝麻油的香氣可以促進食慾。

作法

❶ 蔬菜煮軟、切細碎。雞胸肉去皮、去脂肪，切成約5mm的塊狀。
❷ 於鍋中放入3大匙水與①，開中火。
❸ 加熱雞胸肉，放入5倍粥內攪拌均勻後，加入芝麻油。

熱量來源　維生素・礦物質來源　蛋白質來源

胡蘿蔔煎餅

10個月～

材料

軟飯（→P.42）……80g
胡蘿蔔……25g
麵粉……1大匙
蛋液……1/2顆
植物油……少許

很適合用手抓來吃。

作法

❶ 將胡蘿蔔去皮、煮軟，稍微壓碎。
❷ 於①中放入軟飯、麵粉、蛋液後攪拌均勻。
❸ 平底鍋中放入植物油以中火加熱，用湯匙將②以每塊1.5～2cm大小落入平底鍋中，煎至兩面都上色。

熱量來源　蛋白質來源

煮馬鈴薯牛絞肉

9個月～

材料

馬鈴薯……65～85g

牛絞肉……15g

只需一個鍋子就可以完成的簡單餐點。

作法

❶ 將馬鈴薯去皮，放入鍋中，加水蓋過馬鈴薯，煮軟。

❷ 將牛絞肉放入①，攪拌均勻後開中火。煮沸後，仔細撈掉浮沫，待牛絞肉熟透，再將馬鈴薯稍微壓碎。

熱量來源　維生素・礦物質來源　蛋白質來源

蔥蛋蓋飯

11個月～

材料

蛋液……1/2顆

青蔥……30g

高湯

……3大匙稍多（50ml）

軟飯（→P.42）……80g

雞蛋必須充分加熱。

作法

❶ 青蔥切粗末。

❷ 於鍋中放入①、高湯、3大匙水後加熱。煮沸後轉小火煮約5分鐘，煮至青蔥變軟。

❸ 將蛋液加入②，全部攪拌均勻後，再度開火加熱。

❹ 軟飯盛到容器後淋上③。

熱量來源　維生素・礦物質來源　蛋白質來源

胡蘿蔔蒸糕

10個月～

材料

胡蘿蔔……30g

鬆餅粉……4大匙

蛋液……1/2顆

可以鬆鬆地蓋上一層保鮮膜，放入微波爐加熱約1分30秒即可。

作法

❶ 胡蘿蔔去皮、磨碎。

❷ 碗中放入鬆餅粉、蛋液、①、1又1/2大匙的水，攪拌均勻。

❸ 放入耐熱容器後，置入電鍋等蒸煮器具內，蒸煮約10分鐘。

熱量來源 蛋白質來源

香蕉鬆餅

10個月～

材料

香蕉……40g
鬆餅粉……2大匙
鮮奶……1大匙
植物油……少許

用竹籤插入食材中，如果沒有沾黏，即表示完成。

作法

❶ 用叉子將香蕉稍微壓碎。
❷ 碗中放入鬆餅粉、鮮奶、①，攪拌均勻。
❸ 將植物油放入平底鍋以中火加熱，將②倒入鍋中。煎到兩面上色，再切成容易食用的大小。

熱量來源 維生素・礦物質來源 蛋白質來源

南瓜黃豆粉燕麥粥

9個月～

材料

南瓜……20g
黃豆粉……1小匙
燕麥片……18～19g

作法②亦可改用微波爐加熱。由於容易噴濺，建議使用較大一點的碗狀加熱容器，加熱約2分鐘。加熱後先放在小盤上、蓋上蓋子再稍微悶一下。

作法

❶ 南瓜去皮及種籽，用保鮮膜包覆，放入微波爐加熱約50秒。稍微放涼後，直接從保鮮膜上方按壓壓碎。
❷ 鍋中放入150ml的水、①、黃豆粉、燕麥片，邊攪拌邊以中小火加熱，煮沸後再持續加熱約1分鐘。

熱量來源 維生素・礦物質來源 蛋白質來源

番茄海底雞義大利細長麵

10個月～

材料

番茄……25g
海底雞罐頭（無鹽水煮）……15g
義大利麵……25g
橄欖油……少許

這道菜會用到油類，最好選擇無鹽水煮的海底雞罐頭。

作法

❶ 將義大利細長麵折成1.5～2cm的長度，煮軟。
❷ 番茄去皮及種籽，切細碎。瀝乾海底雞罐頭的水分備用。
❸ 將橄欖油放入平底鍋以中火加熱，將②炒過之後，加入①再稍微拌炒。

熱量來源　維生素・礦物質來源　蛋白質來源

柳橙法式吐司

11個月～

材料

吐司……35g
蛋液……1/3顆
柳橙汁……2大匙
奶油……少許

建議使用無鹽奶油。副食品應避免使用有鹽奶油。

作法

❶ 碗中放入柳橙汁、1大匙水混合均勻。
❷ 吐司去邊，浸泡在①中約5分鐘。
❸ 平底鍋內放入奶油，開中火。奶油融化、起泡後，在②中放入蛋液，煎約4分鐘，至兩面都上色後切成容易食用的大小。

熱量來源　維生素・礦物質來源　蛋白質來源

綜合菇豆漿烏龍麵

9個月～

材料

菇類（香菇、鴻喜菇等）……20g
豆漿（原味）……2大匙
高湯……5大匙稍多（80ml）
冷凍熟烏龍麵……60g

菇類帶有香氣，還會產生湯汁，能夠促進食慾。

作法

❶ 菇類切粗末。烏龍麵切成1～1.5cm長度。
❷ 鍋中放入高湯與3大匙水，開中火，煮沸後加入①，小火煮約5分鐘。
❸ 於②中加入豆漿，稍微煮過。

熱量來源　維生素・礦物質來源

柴魚蔬菜炒烏龍

11個月～

材料

蔬菜（青江菜、菠菜等）……30g
柴魚片……2g
冷凍熟烏龍麵……90g
植物油……少許

柴魚片可以從壓食期後開始食用。如果做成高湯，即可從吞食期開始使用。

作法

❶ 蔬菜先燙過，切小段。烏龍麵切成1.5～2cm長度。
❷ 平底鍋中放入植物油，以中火加熱、拌炒①。
❸ 完成後，混入柴魚片。

主食 1～1歲半

嚼食期

主要食材 吞食期 P45 ＋ 壓食期 P48 ＋ 咬食期 P52 ＋

軟飯

速食麵（非油炸）

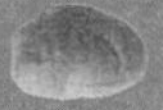
捲麵包

在主食中混入一些寶寶較難以接受的食材，會變得容易入口。

熱量來源 維生素・礦物質來源 蛋白質來源

甜煮蔬菜豆腐蓋飯

1歲～

材料

木綿豆腐……50g
四季豆、胡蘿蔔……合計30g
高湯……4大匙
軟飯（→P.42）……90g

蔬菜可先煮軟，再依所需分量切割也OK。

作法

❶ 胡蘿蔔去皮，與四季豆一起仔細切碎。
❷ 鍋中放入高湯、①以及2大匙水，開小火將蔬菜煮軟。
❸ 將木棉豆腐加入②，用叉子弄碎後，煮約1分鐘。
❹ 將軟飯盛入容器內，淋上③。

熱量來源 維生素・礦物質來源 蛋白質來源

牛肉蓋飯

1歲～

材料

牛肉瘦肉……15g
洋蔥……30g
高湯……4大匙
軟飯（→P.42）……90g

牛肉的鮮味搭配洋蔥的甜味很下飯。

作法

❶ 將牛肉切碎，洋蔥切成短細絲。
❷ 鍋中放入高湯、①的洋蔥、2大匙水，開小火煮至洋蔥變軟。
❸ 於②中加入①的牛肉，煮沸後仔細撈掉浮沫，煮熟牛肉。
❹ 將軟飯盛入容器內，淋上③。

熱量來源 維生素・礦物質來源 蛋白質來源

納豆韭菜炒飯

1歲3個月～

材料

納豆……20g
韭菜……30g
白飯……80g
芝麻油……少許

熱炒可以消除納豆的特殊氣味，變得容易入口。

作法

❶ 將韭菜仔細切碎。
❷ 將芝麻油放入平底鍋中，以中火加熱，稍微將韭菜拌炒。
❸ 於②中加入納豆與白飯，再炒約1分鐘。

熱量來源　維生素・礦物質來源　蛋白質來源

鮭魚炒飯

1歲3個月～

材料

- 鮭魚……20g
- 洋蔥……30g
- 香菇……10g
- 白飯……80g
- 奶油……少許

作法

❶ 鮭魚去皮及魚刺、仔細切碎。洋蔥、香菇切細末。

❷ 於耐熱容器內放入①及奶油，用保鮮膜包覆，放入微波爐加熱約1分鐘。

❸ 將②與白飯混合拌勻。

熱量來源　維生素・礦物質來源　蛋白質來源

番茄麵包布丁

1歲～

材料

- 番茄汁（無鹽）……1/2杯（100ml）
- 吐司……50g
- 蛋液……2/3顆

最好使用無鹽番茄汁。

作法

❶ 吐司去邊、撕碎後放入耐熱容器內。

❷ 碗中放入蛋液、番茄汁，混合均勻。

❸ 淋上②並且完全覆蓋住①，浸置約5分鐘後，放入麵包用小烤箱烘烤約7分鐘，至蛋液熟透。

熱量來源　維生素・礦物質來源　蛋白質來源

吐司優格&蘋果胡蘿蔔泥

1歲3個月～

材料

- 吐司……50g
- 蘋果……10g
- 胡蘿蔔……40g
- 原味優格……50g
- 砂糖……3g

這個時期的寶寶已經可以用牙齦磨碎吐司邊後食用。吐司邊其實比吐司中間白色的部分更好消化吸收。

作法

❶ 蘋果與胡蘿蔔去皮、煮軟、稍微壓碎。

❷ 先在容器上放置濾網，再倒入原味優格，於冰箱放置15分鐘，以去除水氣。

❸ 將①、②、砂糖混合均勻至滑順狀。

❹ 吐司切薄片、撕成容易食用的大小後擺盤。

熱量來源 維生素・礦物質來源 蛋白質來源

菇類雞蛋綴烏龍麵

1歲～

材料

菇類（香菇、鴻喜菇等）……30g
蛋液……1/2顆
高湯……1/2杯（100ml）
冷凍熟烏龍麵……100g

寶寶開始懂得享受菇類口感，再搭配上雞蛋的鮮美，是寶寶會喜愛的一道副食品。

作法

❶ 菇類切粗末。烏龍麵切成2cm長。
❷ 鍋中放入①、高湯及1/4杯的水，開小火煮約5分鐘至烏龍麵變軟。
❸ 在②中加入蛋液，將雞蛋煮熟。

熱量來源 維生素・礦物質來源 蛋白質來源

白菜豬肉燴烏龍麵

1歲～

材料

白菜……30g
豬肉（瘦肉）……15g
芝麻油……少許
日本白粉水（日本太白粉：水＝1：2）……適量
冷凍熟烏龍麵……100g

作法

❶ 切碎白菜、豬肉。將烏龍麵切成2cm長。
❷ 平底鍋中放入芝麻油，以中火加熱，將烏龍麵放入稍微拌炒，再加入1大匙水，炒至水分吸乾，盛至容器內。
❸ 稍微擦拭一下平底鍋，再度開火，先加熱少量芝麻油，放入白菜與豬瘦肉拌炒。
❹ 於③中加入1/2杯水，將白菜煮軟。最後用日本太白粉水勾芡，淋在②上。

熱量來源 蛋白質來源

玉米鬆餅

1歲～

材料

奶油玉米罐頭……2大匙
鬆餅粉……4大匙
蛋液……1/3顆
植物油……少許

用竹籤插入食材中，如果沒有沾黏，即表示完成。

作法

❶ 濾掉奶油玉米罐頭的水分。
❷ 於碗中加入①、鬆餅粉、蛋液、1大匙水攪拌均勻。
❸ 將植物油加入平底鍋中，以中火加熱，倒入②，煎至兩面都上色後，切成容易食用的大小。

熱量來源　維生素・礦物質來源

馬鈴薯胡蘿蔔煎餅

1歲～

材料

- 馬鈴薯……140g
- 胡蘿蔔……30g
- 芝麻油……少許

避免使用過多的芝麻油，可以利用量匙等取用、調整用量。

作法

❶ 胡蘿蔔去皮、煮軟、稍微壓碎。

❷ 馬鈴薯去皮、磨碎，稍微瀝去水分，與①混勻。

❸ 將芝麻油倒入平底鍋以中火加熱，倒入②，煎至兩面都上色後切成容易食用的大小。

熱量來源　維生素・礦物質來源　蛋白質來源

海底雞洋蔥炒麵

1歲～

材料

- 海底雞罐頭……15g
- 洋蔥……30g
- 細麵……30g
- 芝麻油……少許

細麵只要1～2分鐘即可煮熟，是很省時的方便食材，但是鹽分含量相當高，必須特別注意。這道副食品會用到油，最好選擇無鹽水煮的海底雞罐頭。如果使用的是油漬罐頭，最好先用廚房紙巾吸去一些油分。

作法

❶ 細麵煮軟，切成2cm長。

❷ 洋蔥切成細短絲。

❸ 平底鍋中放入芝麻油，以中火加熱，放入洋蔥，炒至洋蔥變軟。

❹ 於③中放入海底雞罐頭與細麵，稍微拌炒。

熱量來源　維生素・礦物質來源　蛋白質來源

肉醬義大利麵

1歲3個月～

材料

- 義大利細長麵……35g
- 洋蔥……30g
- 牛或豬絞肉……15g
- 番茄汁（無鹽）……1/3杯（70ml）
- 橄欖油……少許

紅番茄內所含有的茄紅素具有抗氧化作用，能有效預防感冒。番茄汁等加工品的吸收效果，比生食更好，可以多攝取。

作法

❶ 洋蔥切細碎。義大利細長麵折成2cm長。

❷ 平底鍋中放入橄欖油，以中火加熱，放入牛或豬絞肉、①中的洋蔥，拌炒約2分鐘。

❸ 將番茄汁加到②中，煮約2分鐘。

❹ 將義大利細長麵煮軟，盛到容器中，再淋上③。

種類繁多、烹調方法也豐富多樣

蔬菜・菇類

膳食纖維較多的蔬菜在烹調時必須多費點心思，使其容易食用

　　蔬菜或菇類富含維生素・礦物質，可以調整體質、增加抵抗力，平時就應該做為副菜大量攝取。

　　蔬菜可大致分為「黃綠色（有色）蔬菜」與「淡色（白色）蔬菜」。副食品時期應該大量攝取富含β胡蘿蔔素、維生素、礦物質的「黃綠色蔬菜」。

　　蔬菜與菇類食材的膳食纖維較多，烹調重點在於方便吞嚥。依各個時期的狀況，處理方式也會不同，例如必須先煮軟、磨碎讓寶寶好吞食，甚至是容易消化。是否好吞嚥這件事，幾乎取決於寶寶本身的喜好。所以，嘗試各式各樣的烹調方法，巧妙給予寶寶副食品吧！

黃綠色蔬菜

南瓜　胡蘿蔔　菠菜
青椒　小松菜　番茄
花椰菜　四季豆

黃綠色蔬菜富含胡蘿蔔素，亦含有大量鐵質及礦物質，是應積極攝取的食材。胡蘿蔔素可以與脂肪類（魚、肉、乳製品、油脂）同時攝取，能夠增加吸收率。

淺色蔬菜

蓮藕　白菜　白蘿蔔　小黃瓜
高麗菜　茄子　蕪菁

淺色蔬菜中，高麗菜與白花椰菜等是富含維生素C的食材。小黃瓜與白菜等的苦澀味較少，算是比較容易烹調的蔬菜。

memo

黃綠色蔬菜係指含有較多胡蘿蔔素的蔬菜（每100g含有600μg以上）。胡蘿蔔素是植物為了保護自己所具有的一種色素，有抗氧化的作用。黃綠色蔬菜的胡蘿蔔素在人體內亦可發揮強大的抗氧化作用，因此可以讓細胞組織避免遭受自由基（造成老化或生活習慣病、癌症等原因）的危害，是應該大量攝取的成分。

料理專家
純子老師的建議

寶寶不願意吃蔬菜嗎？

寶寶在副食品時期也有喜好問題，所以應該要讓寶寶能愉快用餐。建議以蔬菜為基底，混入白粥等寶寶會喜歡的食材。由於寶寶的喜好會一直改變，隨著月齡成長，自然而然就會開始吃蔬菜唷！

烹調重點

副食品時期的蔬菜烹調方法

菠菜等葉菜類可分為菜梗與菜葉。至壓食期為止，僅使用菜葉的部分。葉菜類以外的蔬菜，應維持塊狀直接加熱，比較不會造成營養流失，也會產生些許的甜味，因此建議整塊直接加熱後再切碎&壓碎。

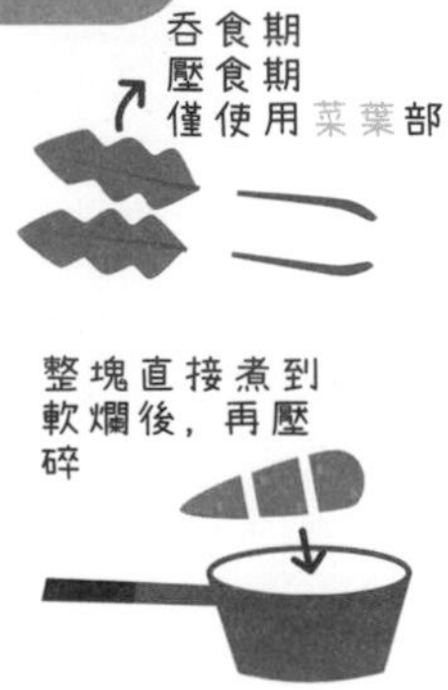
吞食期
壓食期
僅使用菜葉部分
整塊直接煮到軟爛後，再壓碎

5～6個月 吞食期

主要食材

先從胡蘿蔔或是南瓜等苦澀味較少的食材開始嘗試。試著找出寶寶喜好的味道吧！

維生素・礦物質來源

蕪菁湯

5個月～

材料

蕪菁……5～10g
高湯……1大匙

多汁又具有甜味的蕪菁是相當適合用於副食品的食材。

作法

❶ 將蕪菁的皮厚切剝除，切粗片。
❷ 於鍋中放入①、高湯、3大匙水，開小火煮至蕪菁變軟為止。
❸ 連同湯汁一起磨碎至糊狀。

維生素・礦物質來源　蛋白質來源

豆腐南瓜泥

5個月～

材料

豆腐（磨碎）……1/3～1/2小匙
南瓜……5～10g

磨碎豆腐時請確實攪拌均勻。

作法

❶ 南瓜去除種籽，煮軟後去皮，再研磨至糊狀。
❷ 於耐熱容器內放入①、磨好的豆腐、1/2大匙水攪拌均勻，用保鮮膜包覆，放入微波爐加熱約30秒。

維生素・礦物質來源　蛋白質來源

花椰菜黃豆粉泥

5個月～

材料

花椰菜（前花穗處）……5～10g
黃豆粉……1/2小匙

花椰菜新鮮度容易流失，請使用新鮮的花椰菜。

作法

❶ 花椰菜煮軟（湯汁取出備用），僅將前花穗處切下（→P.45），再磨碎至糊狀。
❷ 於①中加入黃豆粉，再利用剛才濾出的湯汁稀釋至糊狀。

維生素・礦物質來源

番茄葛湯

5個月～

材料

番茄……5～10g

日本太白粉水（日本太白粉：水＝1：2）……少許

如果黏糊度不足，可重新用微波爐加熱約10秒。

作法

❶ 番茄去皮及種籽，過篩網。

❷ 於耐熱容器內放入①與1又1/2大匙的水，利用微波爐加熱約20秒。加入日本太白粉水快速攪拌勾芡。

維生素・礦物質來源　蛋白質來源

甜煮白菜豆腐

5個月～

材料

白菜（白芯部分）……5～10g

絹豆腐……5～25g

高湯……1小匙

白菜沒有苦澀味，是容易入口的食材之一。

作法

❶ 白菜煮軟。絹豆腐稍微煮過。

❷ 分別將①的材料過篩網後，再混合均勻。

❸ 將高湯加入②，放入耐熱容器後，用保鮮膜包覆，放入微波爐加熱約15秒。

維生素・礦物質來源　蛋白質來源

洋蔥吻仔魚泥

5個月～

材料

洋蔥……5～10g

吻仔魚乾……5～10g

洋蔥充分加熱後甜度會大幅增加。

作法

❶ 將吻仔魚乾放在1/2杯的熱開水裡，浸置約5分鐘，去除鹽分後，再濾掉水分。

❷ 洋蔥煮軟，過篩網或是磨碎至糊狀。

❸ 將①加入②，再次磨碎，攪拌至均勻。

維生素・礦物質來源　蛋白質來源

鯛魚胡蘿蔔泥

5個月～

材料

鯛魚……5～10g
胡蘿蔔……5～10g

一起烹煮胡蘿蔔與鯛魚，可節省時間！

作法

❶ 胡蘿蔔去皮、煮軟。中途加入鯛魚，稍微煮過（湯汁取出備用）。

❷ 胡蘿蔔磨碎至糊狀後，再加入鯛魚繼續磨碎。如果太硬，可以加一些湯汁稀釋。

維生素・礦物質來源　蛋白質來源

豆漿菠菜湯

5個月～

材料

豆漿（無調整成分）……1小匙～1大匙
菠菜（菜葉）……5～10g

菠菜去除苦澀味後會變得比較好入口。豆漿可以增加溫潤的口感。

作法

❶ 將菠菜菜葉煮軟，用過篩網，或是磨碎至糊狀。

❷ 用豆漿稀釋①，放入耐熱容器內，用保鮮膜包覆，放入微波爐加熱約10秒。

維生素・礦物質來源

彩椒柳橙泥

5個月～

材料

彩椒……5～10g
柳橙汁……1小匙

些微酸酸甜甜的滋味，口感清爽！

作法

❶ 將彩椒用削皮器去除外皮及種籽，煮軟後磨碎至糊狀。

❷ 將柳橙汁加入①，充分攪拌均勻。

蔬菜
菇類

7～8個月 壓食期

主要食材 吞食期 P61 ＋

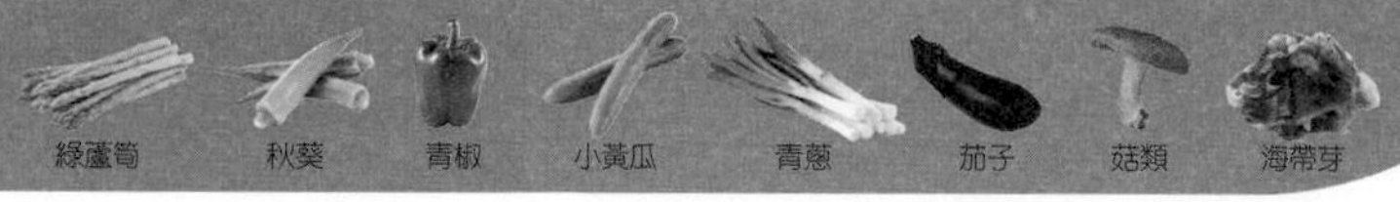

如果寶寶不太能接受蔬菜，可以試著做成黏糊狀！就算寶寶不討厭那種味道，有時也會吃膩。

維生素・礦物質來源　蛋白質來源

納豆拌胡蘿蔔

7個月～

材料

胡蘿蔔……15g
磨碎納豆……12g

納豆營養價值高，可以多給寶寶吃。這個時期已經可以使用顆粒較細的磨碎納豆了，很方便。

作法

❶ 胡蘿蔔去皮、煮軟，磨碎。將磨碎納豆放入耐熱容器內，利用微波爐加熱約15秒。

❷ 將磨碎納豆加入胡蘿蔔中混合均勻。

維生素・礦物質來源　蛋白質來源

豆漿煮小松菜

7個月～

材料

青江菜（菜葉）……15g
豆漿（無調整成分）……3大匙
高湯……2大匙

蔬菜當中，青江菜的苦澀味較少，很適合用來製作副食品，但應使用較柔軟的葉子部分。

作法

❶ 將青江菜的菜葉煮軟，仔細切碎。

❷ 鍋中放入①、高湯，並加水蓋過食材，開小火煮約1分鐘。

❸ 於②中加入豆漿，再煮約1分鐘。

維生素・礦物質來源　蛋白質來源

花椰菜優格

7個月～

材料

花椰菜（前花穗處）……15g
原味優格……50g

如果寶寶不喜歡花椰菜的口感，可以加上優格等製造出黏糊感，再試試看！

作法

❶ 將花椰菜煮軟，切下花穗處（→P.45）。

❷ 將①與原味優格混合均勻。

維生素・礦物質來源　蛋白質來源

蘿蔔納豆湯

7個月～

材料

白蘿蔔……15g
磨碎納豆……12g
高湯……1/4杯（50ml）

作法

❶ 白蘿蔔去皮、煮軟，稍微壓碎。

❷ 於鍋中放入①、磨碎納豆、高湯，開小火稍微加熱。

維生素・礦物質來源　蛋白質來源

甜煮茄子吻仔魚

7個月～

材料

茄子……15g
吻仔魚乾……15g

如果茄子買回來就立即烹調，可以不用先過水以去除苦澀味。

作法

❶ 將吻仔魚乾放在1/2杯的熱開水裡，浸置約5分鐘，去除鹽分後，再濾掉水分。

❷ 茄子去皮，用保鮮膜包覆，放入微波爐加熱約20秒。

❸ 將①與②混合，稍微壓碎，加入1大匙熱開水，攪拌至糊狀。

熱量來源　維生素・礦物質來源　蛋白質來源

蘆筍馬鈴薯沙拉

7個月～

材料

綠蘆筍（前花穗處）……15g
馬鈴薯……45g
原味優格……50g

蘆筍會因放置時間過長而使纖維質變多，建議使用新鮮的蘆筍。

作法

❶ 馬鈴薯去皮、煮軟。蘆筍去除硬皮、煮軟。

❷ 蘆筍切碎末。

❸ 將①與②以叉子等工具仔細壓碎，再加入原味優格攪拌均勻。

維生素・礦物質來源　蛋白質來源

番茄白肉魚湯

7個月～

材料

番茄……15g
白肉魚（鯛魚等）……15g
日本太白粉水（日本太白粉：水＝1：2）……少許

難以入口的白肉魚，只要做成黏糊狀就沒問題！

作法

❶ 番茄去皮與種籽、磨碎。白肉魚切小塊。
❷ 於鍋中放入①與1/3杯水，開中火。白肉魚加熱後，加入日本太白粉水快速攪拌勾芡。

熱量來源　維生素・礦物質來源

煮芋頭鴻喜菇

8個月～

材料

鴻喜菇……20g
芋頭……70g

芋頭容易致敏起疹，應於壓食期再給寶寶吃。

作法

❶ 切碎鴻喜菇。
❷ 芋頭去皮，切成1cm厚的輪狀。鍋中加入可以蓋過芋頭的水量，開小火，煮至芋頭變軟。
❸ 將①加入②，煮約1分鐘，用叉子將芋頭壓碎。

維生素・礦物質來源　蛋白質來源

雞里肌肉佐彩椒

8個月～

材料

雞里肌肉……15g
彩椒……20g
日本太白粉水（日本太白粉：水＝1：2）……少許

如果寶寶不喜歡雞里肌肉的口感，可以將其仔細磨碎、做成黏糊狀。

作法

❶ 用削皮器去除彩椒外皮及種籽，煮軟後磨碎。
❷ 鍋中放入1/2杯水，煮沸後放入雞里肌肉。煮熟後取出磨碎（湯汁取出備用）。
❸ 於②的鍋中放入雞里肌肉與①，再度開中火，加入日本太白粉水勾芡。

維生素・礦物質來源　蛋白質來源

鮭魚白菜

8個月～

材料

白菜（菜葉）……20g
鮭魚……15g

去除魚刺、魚皮的工作很麻煩，不妨買生魚片，分量其實剛剛好，可以試著運用看看！

作法

❶ 白菜切碎。鮭魚去除魚刺、魚皮。
❷ 鍋中加入可以蓋過白菜的水量，開小火煮至白菜變軟。
❸ 加入鮭魚，加熱後用叉子等器具壓碎。

維生素・礦物質來源

奶油煮洋蔥

8個月～

材料

洋蔥……20g
奶油……少許

最好使用無鹽奶油。避免使用有鹽奶油。

作法

❶ 洋蔥煮軟、切碎。
❷ 鍋中加入可以蓋過①的水量，放入奶油後開中火，約煮3分鐘。

維生素・礦物質來源　蛋白質來源

高麗菜豆腐

8個月～

材料

高麗菜……20g
嫩豆腐……40g

這個時期還不太適合食用木棉豆腐，建議選擇口感較佳的嫩豆腐。

作法

❶ 高麗菜煮軟、切碎。
❷ 豆腐稍微煮過，放涼後壓碎，加入①攪拌均勻。

9～11個月 咬食期

主要食材 吞食期 P61 ＋ 壓食期 P64 ＋

白花椰菜 蓮藕 牛蒡

蔬菜的形狀多樣。以下將介紹如何做出各式各樣不同的口感！

維生素・礦物質來源　蛋白質來源

碎胡蘿蔔玉子燒

9個月～

材料

胡蘿蔔……20g
蛋液……1/2顆
植物油……少許

寶寶如果討厭胡蘿蔔，改做成玉子燒的模樣，寶寶應該會比較願意食用。

作法

❶ 胡蘿蔔去皮、磨碎，放入耐熱容器內，用保鮮膜包覆，放入微波爐加熱約30秒。
❷ 將①與蛋液混合。
❸ 平底鍋內放入植物油以中火加熱，倒入②煎烤後，再切成容易食用的大小。

維生素・礦物質來源

奶油南瓜

9個月～

材料

南瓜……20g
奶油……少許

避免使用有鹽奶油，請使用無鹽奶油。奶油加熱後可以提高南瓜內所含胡蘿蔔素的吸收率。

作法

❶ 南瓜去皮及種籽，切成5～7mm薄片。
❷ 鍋中放入可蓋過①的水量，加入奶油開小火，煮至南瓜變軟，再用叉子等器具壓碎。

維生素・礦物質來源　蛋白質來源

鮮奶菇菇濃湯

9個月～

材料

菇類（香菇、鴻喜菇等）……20g
鮮奶……4大匙
奶油……少許
麵粉……1/2小匙

菇類食材無法磨碎成黏糊狀，為了方便吞嚥，必須充分切碎。

作法

❶ 菇類切碎末。
❷ 鍋中放入奶油開小火，奶油融化後放入①稍微拌炒。
❸ 撒入麵粉，攪拌均勻，再加入鮮奶與1大匙水，邊攪拌邊開小火煮約2分鐘。

維生素・礦物質來源　蛋白質來源

建長汁*

9個月～

材料

木綿豆腐……45g
小松菜……20g
高湯……1/2杯（100ml）

小松菜的菜葉處不易食用，可以用菜刀輕輕敲打菜葉部位，使其變軟。

作法

❶ 小松菜切粗末。
❷ 鍋中放入高湯、開小火，煮沸後加入①，煮至食材變軟。
❸ 放入已切成1cm塊狀的木棉豆腐，稍微加熱一下。

維生素・礦物質來源　蛋白質來源

燉白花椰菜與白肉魚

9個月～

材料

白花椰菜……20g
白肉魚……15g
麵粉……1小匙
植物油……少許

白花椰菜的維生素C即使加熱也不易受到破壞，是營養價值較高的食材。

作法

❶ 將白花椰菜稍微煮過，切粗末。白肉魚切成7mm塊狀。
❷ 平底鍋中放入植物油、開中火，將①中的白花椰菜稍微拌炒。
❸ 撒入麵粉，攪拌均勻，再加入1/2杯水繼續煮。待呈現黏糊狀，再放入①中的白肉魚燉煮。

維生素・礦物質來源

茄汁青椒

10個月～

材料

青椒……20g
番茄汁（無鹽）……3大匙
橄欖油……少許

青椒充分加熱後，可以減緩獨特的氣味。

作法

❶ 青椒去蒂頭及種籽，切成5mm塊狀。
❷ 鍋中放入橄欖油以中火加熱，稍微將青椒拌炒。
❸ 加入番茄汁及3大匙水，煮至青椒變軟。

*註：發祥於日本神奈川縣鎌倉建長寺的一種齋菜。日本齋菜可以食用魚肉，魚肉不算葷食。

維生素・礦物質來源　蛋白質來源

烤起司白菜

10個月～

材料

白菜……25g
起司粉……1g

起司粉通常都會稍微用鹽調味，因此鹽分較高，注意不要使用過量。

作法

❶ 白菜煮軟，切成5～7mm的大小。

❷ 將①鋪在耐熱容器內，撒上起司粉，放入麵包用小烤箱烤至上色，約5分鐘。

維生素・礦物質來源　蛋白質來源

煮雞肉青蔥

10個月～

材料

雞腿肉……15g
青蔥……25g

青蔥本身帶有辛辣味，難以入口，但是加熱後就沒有問題了。甜味會增加，質地也會變軟。

作法

❶ 雞腿肉去皮與脂肪，切成5～7mm塊狀。

❷ 青蔥切成5～7mm長。

❸ 鍋中放入①與②，再加入可以蓋過食材的水量，開小火煮至青蔥變軟。

維生素・礦物質來源　蛋白質來源

小黃瓜與雞里肌肉羹湯

10個月～

材料

小黃瓜……20g
雞里肌肉……15g
日本太白粉水（日本太白粉：水＝1：2）……少許
芝麻油……少許

小黃瓜的皮較硬，應先去除。直到咬食期，小黃瓜都要經過加熱才能給寶寶吃。

作法

❶ 小黃瓜去皮，縱切成4等分後，再切成薄片。雞里肌肉切細碎。

❷ 鍋中放入1/2杯水，開中小火，煮沸後放入①，煮約1分鐘。加入日本太白粉水作出勾芡，最後再加入芝麻油。

維生素・礦物質來源　蛋白質來源

洋蔥炒牛絞肉

10個月～

材料

洋蔥……25g
牛絞肉……15g
麵粉……1/2小匙
植物油……少許

作法

❶ 洋蔥切碎。
❷ 平底鍋中放入植物油以中火加熱，放入牛絞肉拌炒約3分鐘。肉炒熟後，將麵粉均勻撒入，稍微攪拌一下，加入2大匙水，煮約1分鐘。

維生素・礦物質來源　蛋白質來源

青江菜牛肉羹

10個月～

材料

青江菜……25g
牛瘦肉……15g
芝麻油……少許
日本太白粉水（日本太白粉：水＝1：2）……少許

作法

❶ 青江菜切粗末。牛肉仔細切碎。
❷ 鍋中放入芝麻油以中火加熱，放入青江菜稍微拌炒，加入1/2杯水，煮沸後轉成小火，再煮約2分鐘。加入牛瘦肉，仔細去除浮沫，煮至牛肉熟透。
❸ 加入日本太白粉水快速攪拌勾芡。

熱量來源　維生素・礦物質來源　蛋白質來源

柴魚高麗菜什錦燒

10個月～

材料

高麗菜……25g
柴魚片……1搓
蛋液……1/3顆
麵粉……3大匙
植物油……少許

最適合用手抓來吃。可以試著切成棒狀、三角形等各式各樣的形狀。

作法

❶ 高麗菜煮軟，切絲。
❷ 碗中放入①、柴魚片、蛋液、麵粉、2大匙水攪拌均勻。
❸ 平底鍋中放入植物油以中小火加熱，將②倒入，煎至兩面都上色後，切成容易食用的大小。

蔬菜菇類 1～1歲半

嚼食期

主要食材 吞食期 P61 ＋ 壓食期 P64 ＋ 咬食期 P68 ＋ 與至咬食期的食材幾乎相同

寶寶在這時期會對食物產生出喜好。為了不要讓寶寶偏食、攝取各式各樣的蔬菜，可以嘗試各種不同的烹調方法。

維生素・礦物質來源

嬰兒關東煮

1歲～

材料

白蘿蔔……20g
胡蘿蔔……10g
高湯……1/2杯（100ml）

可以利用這道副食品讓寶寶練習用湯匙舀取食物、用手抓取食物。

作法

❶ 白蘿蔔及胡蘿蔔去皮、煮軟後，分別切成約1cm的塊狀。

❷ 將①與高湯放入鍋中，開小火煮約3分鐘。

維生素・礦物質來源 蛋白質來源

番茄炒蛋

1歲～

材料

番茄……30g
蛋液……1/2顆
植物油……少許

加熱後，番茄的酸味會變得不明顯。搭配雞蛋一起炒，會讓寶寶更好吞嚥。

作法

❶ 番茄去皮及種籽，切成7mm塊狀。

❷ 平底鍋中放入植物油，以中火加熱後，將番茄稍微拌炒。

❸ 加入蛋液，炒至雞蛋熟透。

維生素・礦物質來源 蛋白質來源

菠菜炒豆腐

1歲～

材料

菠菜……30g
木綿豆腐……50g
芝麻油……少許

到了這個時期已經可以使用菠菜的梗。菠菜鐵質含量較高，可以多加利用。

作法

❶ 將菠菜稍微煮過後，切粗末。

❷ 平底鍋中放入芝麻油，以中火加熱後，將①拌炒。

❸ 放入木棉豆腐，用木匙壓碎，拌炒約1分鐘。

維生素・礦物質來源　蛋白質來源

起司粉焗烤南瓜

1歲~

材料

南瓜……30g
起司粉……1小匙
橄欖油……少許

不同品種的南瓜含水量各有不同，應視狀況調整加熱時間。

作法

❶ 南瓜去皮及種籽，用保鮮膜包覆，放入微波爐加熱約1分鐘。稍微放涼後，切成1cm塊狀。

❷ 平底鍋中放入橄欖油以中火加熱，稍微將①拌炒。完成後撒上起司粉，整體攪拌均勻。

維生素・礦物質來源　蛋白質來源

煮香菇鮪魚

1歲~

材料

香菇……30g
鮪魚……15g
高湯……6大匙

香菇本身帶有香氣，也會產生湯汁，是非常棒的一種食材，可以多加利用。

作法

❶ 將香菇與鮪魚切成1cm的塊狀。

❷ 鍋中放入高湯，開中火。煮沸後放入①，稍微煮過。

維生素・礦物質來源　蛋白質來源

櫛瓜鹹派

1歲~

材料

櫛瓜……30g
蛋液……1/3顆
鮮奶……2大匙
橄欖油……少許

用保鮮膜包覆容器，再放入微波爐加熱約1分鐘，可取代蒸籠。

作法

❶ 櫛瓜先切成輪狀薄片，再仔細切碎。

❷ 平底鍋中放入橄欖油，以中火加熱，將①拌炒約1分鐘，稍微放涼。

❸ 碗中放入②、蛋液、鮮奶，攪拌均勻。

❹ 放入耐熱容器內，蓋上鋁箔紙後，放入會產生蒸氣的蒸籠等器具中，蒸約5分鐘，至其凝固。

維生素・礦物質來源　蛋白質來源

甜煮胡蘿蔔雞腿肉

1歲～

材料

胡蘿蔔……30g
雞腿肉……15g

作法

❶ 胡蘿蔔去皮煮軟，用叉子等器具壓碎至容易食用的程度。

❷ 雞腿肉去皮及脂肪，切成7mm～1cm的大小。

❸ 鍋中放入①及②，加入可以覆蓋住食材的水量，將雞腿肉煮熟。

維生素・礦物質來源　蛋白質來源

韭菜雞肝

1歲～

材料

韭菜……30g
雞肝……15g
芝麻油……少許

雞、豬、牛之中，雞肝最為軟嫩，比較好使用。

作法

❶ 韭菜切粗末。雞肝浸至水中約5分鐘，去除水氣後，切成7mm～1cm的塊狀。

❷ 平底鍋放入芝麻油，以中火加熱，放入①稍微拌炒，加入2大匙水，將雞肝炒熟。

維生素・礦物質來源　蛋白質來源

豬絞肉佐茄子

1歲～

材料

茄子……30g
豬絞肉（瘦肉）……15g
日本太白粉水（日本太白粉：水＝1：2）……少許

確實去除豬絞肉的浮沫，可以去除腥臭味，讓餐點變得更好食用。

作法

❶ 茄子去皮，用保鮮膜包覆，放入微波爐加熱約1分鐘。稍微放涼後，切成1cm塊狀。

❷ 鍋中放入1/3杯水，開中火，煮沸後放入豬瘦絞肉，仔細去除浮沫，加入日本太白粉水，作出勾芡。

❸ 將①盛到容器內，淋上②。

維生素・礦物質來源　蛋白質來源

洋蔥拌海底雞

1歲3個月~

材料

洋蔥……40g
海底雞罐頭（油漬）……20g

到了這個時期已經可以使用油漬的海底雞罐頭，但是還是要把油分去乾淨。

作法

❶ 洋蔥煮軟，仔細切碎。確實去除海底雞的油分。

❷ 將海底雞與洋蔥混合均勻。

維生素・礦物質來源　蛋白質來源

蘆筍炒高野豆腐

1歲3個月~

材料

綠蘆筍……40g
高野豆腐（磨碎）……1小匙
橄欖油……少許

蘆筍與橄欖油一起攝取可以提高蘆筍中所含有的β胡蘿蔔素吸收率。再者，也可以從高野豆腐中攝取到植物性蛋白質，相當健康。

作法

❶ 剝掉蘆筍皮較硬的部位，煮軟後切成1cm寬。

❷ 平底鍋中放入橄欖油，以中火加熱，將蘆筍稍微拌炒，加入高野豆腐，整個攪拌均勻。

維生素・礦物質來源　蛋白質來源

青椒炒豬肉絲

1歲3個月~

材料

青椒……40g
豬肉（瘦肉）……20g
日本太白粉……少許
芝麻油……少許

如果不太敢吃青椒，可以先從彩椒讓寶寶適應。

作法

❶ 青椒去蒂頭及種籽，切細成2cm寬。豬瘦肉切細絲，撒上日本太白粉。

❷ 平底鍋中放入芝麻油，以中火加熱，放入①稍微拌炒。加入2大匙水，拌炒、煮至青椒變軟。

肉類

○富含脂肪的動物性蛋白質

給寶寶吃副食品時應遵守規則 掌握給予程序與分量

主菜的主要食材是富含蛋白質的食物。最具代表性的就是肉類。雞肉、牛肉、豬肉等主要成分都是蛋白質與脂肪。

蛋白質是建構人體的重要營養素，但是肉類較柔軟的部位大多是脂肪，所以除了雞里肌肉，其他肉類應該於稍晚的時期再給寶寶吃。為了不要造成寶寶內臟的負擔，應從脂肪較少的食材依序給寶寶吃。此外，肉類加熱後會變硬，在寶寶還不習慣時，大多不願意食用，所以重點應放在如何易於寶寶食用。可以做成黏糊狀，或是利用與黏糊狀食材混合等方式。

什麼時候可以開始吃這種肉呢？

	香腸&火腿	牛豬絞肉	豬肉（瘦肉）	牛肉（瘦肉）	雞肉（雞胸、雞腿）	雞里肌肉
吞食期 5～6個月	×	×	×	×	×	×
壓食期 7～8個月	×	×	×	×	△	○
咬食期 9～11個月	×	×	○	○	○	○
嚼食期 1～1歲半	○	○	○	○	○	○
建議	脂肪較多，應少量給予。可選擇添加物較少的食品。	脂肪較多，應特別注意。可從咬食期開始給予瘦肉的絞肉。	豬肉脂肪較多，應於習慣牛肉後再給寶寶吃豬瘦肉。	牛肉的鐵質豐富，可從咬食期開始給寶寶吃瘦肉的部分。	習慣雞里肌肉後，就可以開始給寶寶吃雞胸肉。雞腿肉應去除皮及脂肪。	可以從壓食期開始給予脂肪較少的雞里肌肉。

料理專家
淳子老師的建議

先體驗看看！Let's Try！

孩子與成人都很喜歡吃肉。不過，對寶寶而言，肉類卻是困難度較高的食材。寶寶可能會因為軟硬度或是黏稠度而不願意食用。不要覺得吃副食品就是一定要吃下去，想著「先試試看比較重要」，就不會覺得壓力太大了。

烹調重點

切斷肉類纖維就可以做成黏稠狀◎

肉類加熱後纖維會收縮而變硬，冷卻後口感可能又會變得比較乾柴。可以先切斷纖維再進行烹調，就能做出黏糊度。與蔬菜一起烹調並做成黏稠狀時，蔬菜的溼潤感會讓肉類變得比較好吞嚥。

若孩子不太喜歡吃肉

↓

- 不要過度加熱
- 做成黏稠狀會比較好吞嚥

肉類 7～8個月 壓食期

主要食材 雞里肌肉

第一次吃肉類時，可以先從脂肪較少的雞里肌肉開始。很多孩子很在意口感，可以試著與其他食材混合。

熱量來源 蛋白質來源

雞里肌肉燴番薯

7個月～

材料

雞里肌肉……10g
番薯……45g

番薯有澀味，可先泡水、去除澀味。

作法

❶ 雞里肌肉煮熟（湯汁取出備用），仔細磨成泥。
❷ 番薯去皮，浸置水中約5分鐘，去除澀味後，煮軟。
❸ 將②加入①，仔細壓碎，再用①的湯汁稀釋成黏糊狀。

維生素・礦物質來源 蛋白質來源

蘋果雞里肌肉

7個月～

材料

雞里肌肉……10g
蘋果……5g

可以將雞里肌肉與蘋果混合後餵給寶寶吃，也可以一開始就先混合在一起。

作法

❶ 蘋果去皮切塊。待鍋中開水煮沸後，將蘋果放入煮軟。中途放入雞里肌肉，煮熟。
❷ 濾掉蘋果水分、仔細磨碎雞里肌肉後，盛到容器內。

維生素・礦物質來源 蛋白質來源

青江菜雞里肌肉湯

8個月～

材料

雞里肌肉……15g
青江菜葉……20g
芝麻油……少許

青江菜的澀味較少，是適合用來當作副食品的食材。

作法

❶ 切碎青江菜的菜葉。
❷ 鍋中放入1/2杯水後開火，煮沸後放入雞里肌肉，煮熟後取出。
❸ 於②的鍋中放入青江菜的菜葉，煮至變軟。
❹ 仔細切碎②的雞里肌肉後放入③，再用芝麻油調味。

肉類 9～11個月 咬食期

主要食材 壓食期 P77 ＋  雞胸肉・雞腿肉  牛肉（瘦肉）  豬肉（瘦肉）

牛肉或豬肉可以從脂肪含量較少的瘦肉開始挑戰。能夠大幅增加餐點的多樣性。

維生素・礦物質來源 蛋白質來源

雞胸肉炒菇

9個月～

材料

雞胸肉……15g
菇類（香菇、鴻喜菇等）……20g
植物油……少許
麵粉……1/3小匙

雞皮的脂肪較多，務必要先去除。

作法

❶ 菇類切粗末。雞胸肉去皮及脂肪，切粗末後，拌入麵粉。
❷ 平底鍋中放入植物油，以中小火加熱，將①稍微拌炒。加入1/2大匙水，整體攪拌均勻，炒至雞胸肉煮熟為止。

維生素・礦物質來源 蛋白質來源

番茄煮雞腿肉

9個月～

材料

雞腿肉……15g
番茄……20g
橄欖油……少許

也可以淋在5倍粥或是義大利麵上。

作法

❶ 雞腿肉去皮及脂肪，切成5mm塊狀。
❷ 番茄去皮及種籽，仔細切碎。
❸ 平底鍋中放入橄欖油以中火加熱，將①稍微拌炒。加入②，拌炒至雞肉煮熟為止。

蛋白質來源

自製迷你雞塊

9個月～

材料

雞胸絞肉……15g
日本太白粉……一搓
植物油……少許

如果買不到雞胸絞肉，可以自己用菜刀將雞胸肉剁碎。

作法

❶ 碗中放入雞胸絞肉及日本太白粉，混合均勻。
❷ 平底鍋中放入橄欖油，以中火加熱，用湯匙將①以1.5～2cm的大小落入平底鍋中，煎至兩面都上色。

維生素・礦物質來源　蛋白質來源

秋葵拌雞胸肉

10個月～

材料

- 雞胸肉……15g
- 秋葵……25g
- 日本太白粉……適量

秋葵有黏稠性，能做出黏糊感。可以試著與口感蓬鬆的食材做結合。

作法

❶ 秋葵煮軟，縱向切半，去除種籽後，仔細切碎。

❷ 雞胸肉去皮及脂肪，撒上日本太白粉。待鍋中開水煮沸後，放入烹煮。

❸ 將①與②盛到容器內，攪拌均勻後即可餵食。

維生素・礦物質來源　蛋白質來源

雞腿肉燉高麗菜

10個月～

材料

- 雞腿肉……10g
- 高麗菜……25g
- 鮮奶……3大匙
- 奶油……少許

高麗菜除了含有豐富的維生素C、維生素K，還有能保護胃部的維生素U（cabagin）。不過，高麗菜不好入口，必須以燉煮方式煮軟。

作法

❶ 雞腿肉去皮及脂肪，切成5mm塊狀。

❷ 高麗菜切粗末。

❸ 鍋中放入奶油，開中火，加入①與②稍微拌炒。加入可以蓋過食材的水量，小火煮約5分鐘。完成後再加入鮮奶。

維生素・礦物質來源　蛋白質來源

雞腿肉燴櫛瓜

10個月～

材料

- 雞腿肉……15g
- 櫛瓜……25g
- 橄欖油……少許

櫛瓜是南瓜的好朋友，口感柔軟，很適合當作副食品的食材。

作法

❶ 雞腿肉去皮及脂肪，切成5mm塊狀。

❷ 櫛瓜縱切成4等分，再切成薄片。

❸ 平底鍋中放入橄欖油，以中火加熱，加入①與②稍微拌炒後，放入1大匙水，炒至雞腿肉熟透。

熱量來源 維生素・礦物質來源 蛋白質來源

牛瘦絞肉菠菜什錦燒

9個月～

材料

- 牛絞肉（瘦肉）……15g
- 菠菜……20g
- 麵粉……2大匙
- 植物油……少許

進入咬食期就可以開始吃牛肉了。牛肉鐵質含量較高，是可以多給寶寶食用的食材。

作法

❶ 菠菜煮軟，切小段。
❷ 碗中放入①、麵粉、水1大匙、牛瘦絞肉，混合均勻。
❸ 平底鍋中放入植物油，以中火加熱，用湯匙將②以1～1.5cm的大小落入平底鍋中，確實將牛瘦絞肉煎至熟透。

維生素・礦物質來源 蛋白質來源

牛肉炒彩椒

10個月～

材料

- 牛肉（瘦肉）……15g
- 彩椒……25g
- 植物油……少許
- 日本太白粉……少許

作法

❶ 用削皮器去除彩椒外皮及種籽後，切成短絲狀。
❷ 仔細切碎牛瘦絞肉，裹上日本太白粉備用。
❸ 平底鍋中放入植物油，以中火加熱，拌炒①。彩椒炒軟後再加入②，炒至牛瘦肉熟透。

維生素・礦物質來源 蛋白質來源

牛肉蘿蔔湯

11個月～

材料

- 白蘿蔔……30g
- 牛肉（瘦肉）……15g

仔細去除牛肉浮沫就可以減少腥臭味，變得容易入口。

作法

❶ 白蘿蔔煮軟，切成1cm塊狀。
❷ 仔細切碎牛瘦肉。
❸ 鍋中加入可以蓋過①的水量，開中小火。煮沸後加入②，仔細去除浮沫，煮至牛瘦肉熟透。

肉類 1～1歲半 嚼食期

主要食材 壓食期 P77 ＋ 咬食期 P78 ＋  牛絞肉  豬絞肉  牛豬混合絞肉

試著挑戰牛豬混合絞肉等脂肪含量較多的肉類吧！可以用肉丸作為軟硬度標準。

維生素・礦物質來源　蛋白質來源

雞胸肉蘋果優格

1歲～

材料

雞胸肉……10g
蘋果……10g
原味優格……2大匙

蘋果內含有蘋果膠（具有整腸作用），磨碎後會更易於攝取。

作法

❶ 雞胸肉去皮及脂肪後煮熟，切成7mm塊狀。
❷ 蘋果去皮，磨碎。
❸ 將①與②混入原味優格內。

維生素・礦物質來源　蛋白質來源

南瓜碎肉羹

1歲～

材料

雞腿絞肉……15g
南瓜……30g
日本太白粉水（日本太白粉：水＝1：2）……適量

絞肉做出黏稠感會比較容易食用。

作法

❶ 南瓜去皮及種籽，用保鮮膜包覆，放入微波爐加熱約1分鐘。
❷ 鍋中放入1/3杯水、雞腿絞肉，開中火。邊加熱邊攪散雞腿絞肉，煮沸後仔細去除浮沫，加入日本太白粉，作出勾芡。
❸ 於容器中盛入①、淋上②，壓碎再餵給寶寶。

維生素・礦物質來源　蛋白質來源

雞腿肉煮茄子

1歲～

材料

雞腿肉……15g
茄子……30g
高湯……4大匙

煮到軟爛的茄子口感黏稠，可以調和雞肉本身較柴的口感。

作法

❶ 雞腿肉去皮及脂肪，切成5mm塊狀。
❷ 茄子去皮，浸置於水中約5分鐘，去除水氣、浮沫後，切成小於1cm的塊狀。
❸ 鍋中放入高湯與①、②，開小火。煮沸後仔細去除浮沫，再煮約3分鐘。

維生素・礦物質來源 蛋白質來源

燉雞肝

1歲～

材料

雞肝……15g
蘋果……10g
植物油……少許

作法

❶ 雞肝浸置水中約5分鐘，再用廚房紙巾拭去水氣，切粗末。蘋果去皮、切薄片。

❷ 鍋中放入植物油，以中火加熱，放入①稍微拌炒。加入4大匙水，關小火，煮至蘋果變軟，約4～5分鐘。

❸ 取出蘋果與雞肝（湯汁取出備用），磨碎至滑順狀。如果太硬，可利用剛才濾出的湯汁稀釋。

維生素・礦物質來源 蛋白質來源

蓮藕牛肉丸

1歲～

材料

牛絞肉（瘦肉）……15g
蓮藕……30g
高湯……4大匙
植物油……少許

使用蓮藕可增加黏稠度，麩質過敏者亦可安心食用。

作法

❶ 蓮藕去皮、磨碎，稍微去除水份，與牛絞肉（瘦肉）混合。

❷ 平底鍋中放入植物油，以中火加熱，用湯匙將①以1.5～2cm的大小落入平底鍋中，煎至兩面都上色。

❸ 將高湯加入②，稍微煮沸，煮熟食材。

維生素・礦物質來源 蛋白質來源

迷你漢堡肉

1歲～

材料

牛豬絞肉……15g
胡蘿蔔……15g
麵包粉……1小匙
植物油……少許

脂肪比例較多的牛豬絞肉可以從嚼食期開始給寶寶吃。

作法

❶ 胡蘿蔔去皮、磨碎，與麵包粉混合。

❷ 待①變得鬆軟蓬鬆狀後，加入牛豬絞肉，充分攪拌均勻，做成一口大小的圓形漢堡肉狀。

❸ 平底鍋中放入植物油，以中火加熱，將②煎至兩面都上色。

維生素・礦物質來源　蛋白質來源

番茄洋蔥燉牛肉

1歲3個月～

材料

牛肉（瘦肉）……20g
洋蔥……40g
番茄汁（無鹽）……3大匙
橄欖油……少許

洋蔥拌炒後會產生甜味以及滑順的口感，與較難入口的牛肉非常搭。

作法

❶ 仔細切碎牛瘦肉與洋蔥。
❷ 平底鍋中放入橄欖油，以中火加熱，將①稍微拌炒。
❸ 將番茄汁加入②，煮約3分鐘。

熱量來源　蛋白質來源

馬鈴薯炒豬肉絲

1歲3個月～

材料

豬肉（瘦肉）……20g
馬鈴薯……100～140g
芝麻油……少許

加入芝麻油會產生香氣，能刺激食慾。

作法

❶ 豬瘦肉切絲。馬鈴薯去皮，切成2cm長的細絲。
❷ 平底鍋中放入芝麻油，以中火加熱，放入①，將豬瘦肉與馬鈴薯拌炒至熟透。

維生素・礦物質來源　蛋白質來源

烤南瓜豬肉捲

1歲3個月～

材料

豬肉（瘦肉）……20g
南瓜……40g
植物油……少許

為了殺菌，豬肉必須確實煮熟。

作法

❶ 南瓜去皮及種籽，用保鮮膜包覆，放入微波爐加熱約1分15秒。稍微放涼後，切成8等份。
❷ 將豬瘦肉攤平，再將①的南瓜捲入。
❸ 平底鍋中放入植物油，以中火加熱，將②中南瓜捲的末端朝下並排放入鍋中，煎至豬肉熟透。

海鮮類

豐富的蛋白質來源，可以活化腦細胞

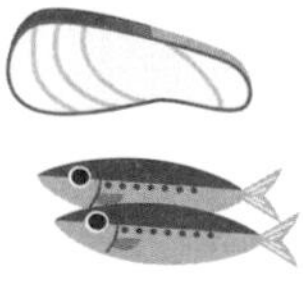

營養豐富、鮮美的海鮮 先從脂肪較低的魚類開始嘗試

與牛豬等肉類相比，魚類的水分較多、纖維較柔軟、好消化吸收，適合作為副食品。魚類與肉類含有較多的脂肪，但是魚油中的DHA及EPA可以抑制過敏及發炎症狀，還有許多成分可以提升腦部機能。

白肉魚可於吞食期開始給寶寶吃。一開始建議先給寶寶吃比較沒有腥味的「鯛魚」，再給脂肪較少的紅肉魚、青背魚等。

烹調魚肉必須確實去皮和刺。生魚片價格較高，但是可以直接使用，也很新鮮。如果會使用到整條魚，接近尾巴部位的魚刺較少，烹調時可先與大人飲食一起煮，但不調味取出備用。

魚類的給予方式 從白肉魚開始

白肉魚（5個月～）

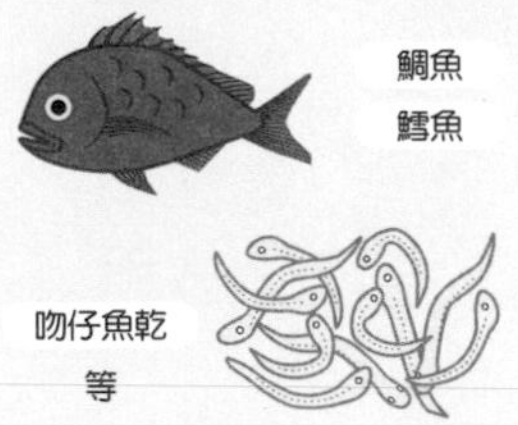

吻仔魚務必要先過水去除鹽分。鱈魚有致敏風險，應於9個月後再給寶寶吃。

紅肉魚（7個月～）

鹹鮭魚的鹽分較高，應特別注意。鮪魚為紅肉魚，鰹魚的血和肉部分鐵質較高，非常推薦。但不能生食。

青背魚（9個月～）

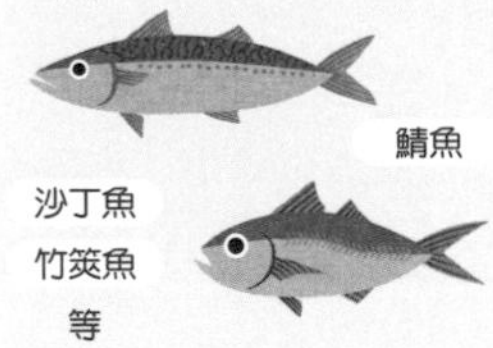

沙丁魚或竹筴魚等含有DHA、EPA等，可抑制過敏及發炎症狀，亦富含可活化腦部的脂質。

料理專家
淳子老師的建議

善用海鮮加工食品

隨著副食品不同的食用階段，可食用的食材也會逐漸，而魚類就是容易增添變化性的食材。可以善用吻仔魚乾或是海底雞罐頭。然而，加工食品的鹽分或是脂肪含量較高，應先過水去除鹽分或是選擇「無添加鹽」的食品，酌量使用。

烹調重點

避免過度加熱造成肉質變硬

烹調的重點是要避免過度烹煮、煎烤魚肉。如果覺得煎烤的方式較難處理，也可以稍微烤一下後放入湯品內。這種做法可以避免食材變得乾扁，魚肉還能因此產生鮮味，所以相當推薦。

稍微煎烤一下，放入湯品內
魚肉會變軟，產生鮮味，非常美味！

海鮮類　5～6個月

吞食期

主要食材

白肉魚（鯛魚、比目魚、鰈魚　等）

吻仔魚乾

從脂肪含量較少、好消化的白肉魚開始吧！推薦使用較不用擔心會造成食物過敏的「真鯛」。

維生素・礦物質來源　蛋白質來源

鯛魚蕪菁泥

5個月～

材料

鯛魚……5～10g
蕪菁……5～10g

去除魚刺、魚皮的工作相當辛苦。生魚片的分量其實剛剛好，可以試著運用看看！

作法

❶ 將蕪菁的皮厚切剝除、煮軟。將鯛魚稍微煮過（湯汁取出備用）。

❷ 將鯛魚磨碎至滑順狀，加入蕪菁，再次研磨。如果口感太硬，可以利用剛才濾出的湯汁調整濃稠度。

維生素・礦物質來源　蛋白質來源

煮鯛魚花椰菜

5個月～

材料

鯛魚……5～10g
花椰菜（前花穗處）……5～10g

作法

❶ 花椰菜煮軟，切下前花穗處（→P. 45），再磨碎至滑順狀。

❷ 將鯛魚稍微煮過（湯汁取出備用）。

❸ 將②放入①，再繼續磨碎。如果口感太硬，可以利用剛才過濾出的湯汁調整濃稠度。

維生素・礦物質來源　蛋白質來源

吻仔魚南瓜泥

6個月～

材料

吻仔魚乾……5～10g
南瓜……5～10g

吻仔魚鹽分較高，別忘了要先去除鹽分。

作法

❶ 將吻仔魚乾放在1/2杯的熱開水裡，浸置約5分鐘，去除鹽分，再濾掉水分。

❷ 南瓜去皮及種籽，煮軟（湯汁取出備用）。

❸ 將①磨碎至滑順狀，加入②，再次研磨。如果口感太硬，可以利用剛才濾出的湯汁調整濃稠度。

海鮮類　吞食期（5～6個月）

海鮮類

7～8個月 壓食期

主要食材 吞食期 P85 ＋   紅肉魚（鮪魚、鰹魚）  鮭魚  海底雞罐頭（無鹽水煮）

可以開始食用紅肉魚。除了新鮮的魚，也可以試著巧妙運用海底雞罐頭。

維生素・礦物質來源　蛋白質來源

菠菜佐鯛魚

7個月～

材料

菠菜（菜葉）……15g
鯛魚……10g
日本太白粉水（日本太白粉：水＝1：2）……少許

可以將鯛魚和①的菠菜一起煮。

作法

❶ 菠菜菜葉煮軟，仔細切碎，盛到容器內。
❷ 鍋中放入1/3杯水與鯛魚，煮熟。暫時關火，用叉子等器具將鯛魚仔細弄碎。重新開火，煮沸後，加入日本太白粉水快速攪拌勾芡。
❸ 將①與②混合均勻。

維生素・礦物質來源　蛋白質來源

吻仔魚番茄泥

7個月～

材料

吻仔魚乾……10g
番茄……15g

吻仔魚雖然帶有一些鹽分，但是容易腐敗，所以必須使用新鮮的吻仔魚，購買後應立即冷凍。

作法

❶ 將吻仔魚乾放在1/2杯的熱開水裡，浸置約5分鐘，去除鹽分後，再將濾掉水分後磨碎。
❷ 番茄去皮及種籽，加入①後，研磨得更為細緻。

維生素・礦物質來源　蛋白質來源

吻仔魚花椰菜泥

8個月～

材料

吻仔魚乾……15g
花椰菜……20g
日本太白粉水（日本太白粉：水＝1：2）……少許

此菜色適合壓食期食用，可練習用舌頭與上顎來壓碎食物。能夠讓寶寶習慣花椰菜帶顆粒的口感。

作法

❶ 將吻仔魚乾放在1/2杯的熱開水裡，浸置約5分鐘，去除鹽分後，再濾掉水分後磨細碎。
❷ 將花椰菜煮軟，僅將前花穗處切下（→P.45）。
❸ 鍋中放入①、②、1/2杯水，開中火。煮沸後加入日本太白粉水快速攪拌勾芡。

維生素・礦物質來源　蛋白質來源

茄子鯛魚泥

8個月～

材料

茄子……20g
鯛魚……15g

茄子加熱後會產生黏糊感，因此可用來製造黏糊感。

作法

❶ 茄子去皮，用保鮮膜包覆，放入微波爐加熱約30秒。稍微放涼後，仔細切碎。
❷ 鯛魚稍微煮過後，仔細磨碎。
❸ 將①與②混合均勻。

熱量來源　維生素・礦物質來源　蛋白質來源

鮪魚番茄沙拉飯

7個月～

材料

鮪魚……10g
番茄……15g
5倍粥（→P.42）……50g
橄欖油……少許

習慣白肉魚後，就可以開始嘗試紅肉魚了。

作法

❶ 鮪魚稍微煮過後，仔細磨碎。
❷ 番茄去皮及種籽，加入5倍粥及橄欖油，攪拌均勻。盛到容器內，放上①，攪拌均勻後即可食用。

維生素・礦物質來源　蛋白質來源

鮪魚洋蔥湯

8個月～

材料

鮪魚……15g
洋蔥……20g
高湯……1/3杯（70ml）

蔬菜煮到軟、湯汁收乾後，味道會變得過於濃郁，可加水稀釋，調整成一般濃度的高湯。

作法

❶ 洋蔥切薄片。
❷ 鍋中放入①、高湯、3大匙水，開小火。洋蔥煮軟後，加入鮪魚稍微煮過。
❸ 將②輕輕磨碎。

維生素・礦物質來源　蛋白質來源

鮭魚白花椰菜泥

8個月～

材料

鮭魚……15g
白花椰菜……20g

鮭魚的脂肪較多，應於寶寶習慣鮪魚等紅肉魚後再給寶寶吃。

作法

❶ 鮭魚去皮及魚刺。白花椰菜切粗碎。
❷ 鍋中放入①，並加入可以蓋過食材的水量，開小火將食材煮熟。
❸ 將②輕輕磨碎。

熱量來源　維生素・礦物質來源　蛋白質來源

鮭魚馬鈴薯沙拉

8個月～

材料

鮭魚……10g
馬鈴薯……75g
花椰菜……10g
原味優格……20g

原味優格不只可以去除魚腥味，也能讓馬鈴薯變得滑順，更容易食用。

作法

❶ 馬鈴薯煮軟。鮭魚去皮及魚刺，稍微煮過。花椰菜煮軟。
❷ 將①輕輕磨碎後，與原味優格混合均勻。

維生素・礦物質來源　蛋白質來源

煮蕪菁鰹魚

8個月～

材料

蕪菁葉……5g
蕪菁……15g
鰹魚……15g

鰹魚應選擇魚背部位（瘦肉）。血合肉部位的鐵質含量較高，非常推薦使用。

作法

❶ 將蕪菁的皮厚切剝除，蕪菁葉切碎。將蕪菁與蕪菁葉放入鍋中，加入可以蓋過材料的水量，開中火將食材煮軟。
❷ 將鰹魚放入①，稍微加熱。在研磨缽中放入所有的湯汁，輕輕磨碎蕪菁與蕪菁葉。

海鮮類

9～11個月 咬食期

主要食材 吞食期 P85 ＋ 壓食期 P86 ＋

青背魚（竹筴魚、秋刀魚、沙丁魚、青魽等） 鱈魚 帆立貝 牡蠣

青背魚與貝類也可以增加菜單的豐富性。鱈魚雖是白肉魚，仍有食物過敏的疑慮，但是從這個時期開始已經OK了！

維生素・礦物質來源 蛋白質來源

番茄佐鯛魚

9個月～

材料

鯛魚……15g
番茄……20g
橄欖油……少許

推薦平常就多多使用可加熱、不易氧化的橄欖油。

作法

❶ 鯛魚切成6～7mm塊狀。番茄去皮及種籽，切成相同大小。
❷ 平底鍋中放入橄欖油以中火加熱，將①稍微拌炒。

維生素・礦物質來源 蛋白質來源

吻仔魚煮白蘿蔔泥

9個月～

材料

吻仔魚乾……15g
白蘿蔔泥……20g

可以選擇使用白蘿蔔頭的部分，該部位比較甘甜。注意寶寶不喜歡辛辣口感。

作法

❶ 將吻仔魚乾放在1/2杯的熱開水裡，浸置約5分鐘，去除鹽分後，再濾掉水分，粗研磨。
❷ 鍋中放入①與白蘿蔔泥，開小火煮約2分鐘。

維生素・礦物質來源 蛋白質來源

水煮鮪魚佐柳橙

9個月～

材料

鮪魚……10g
柳橙……10g

柳橙等柑橘類有軟便作用。

作法

❶ 鮪魚稍微煮過。
❷ 取出柳橙的果肉。
❸ 將①與②切小塊後，混合均勻。

維生素・礦物質來源　蛋白質來源

鱈魚煮青江菜

9個月～

材料

鱈魚……15g
青江菜……20g
高湯……2大匙

不要使用鹽漬鱈魚，應使用不含鹽分的新鮮鱈魚。

作法

❶ 鱈魚去皮及魚刺。
❷ 青江菜切成5～7mm長。
❸ 鍋中放入②以及可以蓋過食材的水量、高湯，將青江菜煮軟。加入鱈魚，稍微煮過，熄火後再用叉子等器具弄碎。

熱量來源　維生素・礦物質來源　蛋白質來源

鮭魚花椰菜煎餅

10個月～

材料

鮭魚……15g
花椰菜……25g
麵粉……1大匙
植物油……少許

不只是花椰菜的花穗部分，連莖也一起使用。

作法

❶ 鮭魚去皮及魚刺，切粗末。花椰菜煮軟，切粗末。
❷ 碗中放入①及麵粉混合均勻。
❸ 平底鍋中放入植物油，以中火加熱，用湯匙將②以1cm的大小落入平底鍋中，煎至兩面都上色。

維生素・礦物質來源　蛋白質來源

青鮒蘿蔔

10個月～

材料

青鮒……15g
白蘿蔔……25g

寒青鮒（冬天的青鮒）脂肪較厚，最好先用熱開水燙過。

作法

❶ 白蘿蔔去皮、煮軟，切成8mm～1cm塊狀。青鮒去皮。
❷ 鍋中放入①，加入可以蓋過食材的水量，開小火。青鮒煮熟後熄火，再用叉子等器具弄碎成容易食用的大小。

維生素・礦物質來源　蛋白質來源

牡蠣燴白菜

10個月～

材料

牡蠣……15g
白菜……30g
日本太白粉水（日本太白粉：水＝1：2）……少許

牡蠣易消化吸收、營養豐富，加熱後口感依舊柔軟，是很適合當作副食品的食材。

作法

❶ 用水洗淨牡蠣，去除水氣後，仔細切碎。
❷ 白菜切成短絲狀（對著纖維橫切）。
❸ 鍋中放入②與可以蓋過食材的水量，開中小火，將白菜煮軟。加入①加熱後，再加入日本太白粉水快速攪拌，做出勾芡。

維生素・礦物質來源　蛋白質來源

橄欖油炒鰹魚

11個月～

材料

鰹魚……15g
櫛瓜……30g
橄欖油……少許

使用鰹魚血合肉的部位。該部位富含大量鐵質。

作法

❶ 平底鍋中放入橄欖油，以中火加熱，將鰹魚煎炒後取出。
❷ 櫛瓜切短絲，利用①的平底鍋將櫛瓜炒軟。
❸ 將①弄碎成容易食用的大小，與②混合均勻。

維生素・礦物質來源　蛋白質來源

旗魚佐蘋果

11個月～

材料

旗魚……15g
蘋果……10g
橄欖油……少許

旗魚，又稱「旗鮪魚」，其實是一種與鮪魚不同種類的白肉魚。比起劍旗魚，較推薦使用條紋四鰭旗魚，因為其脂肪含量較少。

作法

❶ 磨碎蘋果。
❷ 平底鍋中放入橄欖油，以中火加熱，將旗魚兩面稍微煎一下。
❸ 在②中放入2大匙水，將旗魚煮熟。熄火，用叉子等器具將旗魚弄散成容易食用的大小。

海鮮類 1～1歲半 嚼食期

主要食材 吞食期 P85 + 壓食期 P86 + 咬食期 P89 + 與至咬食期的食材幾乎相同

先將竹筴魚與沙丁魚的魚刺、烏賊與章魚等容易噎到的食材用菜刀拍碎，讓寶寶容易食用。

維生素・礦物質來源　蛋白質來源

竹筴魚丸湯

1歲～

材料

- 竹筴魚……15g
- 青蔥……30g
- 日本太白粉……1搓

青背魚容易腐敗，應趁新鮮烹調，並盡快食用完畢。

作法

❶ 竹筴魚去除魚刺後，用菜刀仔細切碎，混入日本太白粉。青蔥切薄片。

❷ 鍋中放入1/2杯水，以及①的青蔥，煮至青蔥變軟。

❸ 將①的竹筴魚用湯匙以1cm的大小落入②中，煮熟。

維生素・礦物質來源　蛋白質來源

微波爐料理——山藥佐干貝

1歲～

材料

- 帆立貝……15g
- 山藥……100g
- 日本太白粉水（日本太白粉：水＝1：2）……適量

作法

❶ 山藥去皮，用保鮮膜包覆，放入微波爐加熱約3分鐘。稍微放涼後，從保鮮膜上方輕輕壓碎，揉成丸狀，盛到容器內。

❷ 切碎帆立貝。

❸ 鍋中放入②及1/3杯水，開中小火。煮沸後加入日本太白粉水快速攪拌勾芡。

❹ 將③淋到①上。

維生素・礦物質來源　蛋白質來源

沙丁魚漢堡排

1歲3個月～

材料

- 沙丁魚……20g
- 菠菜……40g
- 日本太白粉……1/2小匙
- 植物油……少許

青背魚能預防過敏，亦富含可提高腦部機能的DHA及EPA，是可以讓寶寶多多攝取的食材。

作法

❶ 菠菜稍微煮過，切細末。沙丁魚去除魚刺後，仔細切碎。

❷ 碗中放入①及日本太白粉，充分攪拌均勻。

❸ 平底鍋中放入植物油，以中火加熱，放入②，煎至兩面都上色後，切成容易食用的大小。

維生素・礦物質來源　蛋白質來源

煎烤鯖魚佐秋葵

1歲3個月~

材料

- 鯖魚……20g
- 秋葵……40g

鯖魚是容易引發過敏的食材。剛開始要少量、謹慎地給寶寶吃。

作法

❶ 鯖魚不撒鹽，直接煎烤，再從煎烤好的魚肉中，取下所需的部分。

❷ 秋葵煮軟、縱切，取出種籽，用菜刀拍打至出現黏性。

❸ 將①與②盛到容器，攪拌均勻即可食用。

維生素・礦物質來源　蛋白質來源

白蘿蔔蛤蜊湯

1歲3個月~

材料

- 白蘿蔔……40g
- 蛤蜊（已吐沙）……去殼後20g（約8個）

注意，蛤蜊如果過度加熱會變硬。

作法

❶ 白蘿蔔去皮，煮軟。

❷ 另起一鍋放入蛤蜊與1/2杯水，開中火煮至蛤蜊殼打開後取出（湯汁取出備用），將蛤蜊肉切粗末。

❸ 在②的湯汁中，放入已處理至易於食用的①與切碎的蛤蜊，再稍微煮過。

熱量來源　維生素・礦物質來源　蛋白質來源

牡蠣煎餅

1歲3個月~

材料

- 牡蠣……20g
- 麵粉……4大匙
- 高麗菜……40g
- 植物油……少許

牡蠣的鐵質量高，帶有鮮味，相當推薦。但是必須充分加熱至牡蠣全熟。

作法

❶ 牡蠣用水洗淨，去除水氣後切碎。

❷ 高麗菜稍微煮過後，切碎末。

❸ 碗中放入①、②、麵粉、2又1/2大匙水，攪拌均勻。

❹ 平底鍋中放入植物油，以中火加熱，將③落入平底鍋中，煎至兩面都上色，稍微放涼後，切成容易食用的大小。

注意給予方式和時程，好好妥善運用吧！

雞蛋・乳製品

容易烹調的優秀食品 但是要注意食物過敏

雞蛋或乳製品皆是優秀的蛋白質來源。不需事前準備或任何調味，即可輕鬆使用並獲得完整的營養，保存期限也長，是副食品時期的好幫手。然而，這類食材有致敏風險，得特別注意使用方法與進行方式。

吞食期還不能給寶寶吃雞蛋。壓食期後，先少量給寶寶吃較不容易造成過敏的蛋黃。蛋黃的蛋白質、脂質很好消化吸收，最適合作為副食品。之後，如果確定蛋白也OK再給予全蛋。乳製品也要從壓食期之後才給寶寶吃。原味優格滑順好入口，很適合用來混合食材。起司雖然可以不加熱直接使用，但是鹽分及脂肪含量較高，只能使用極少量。

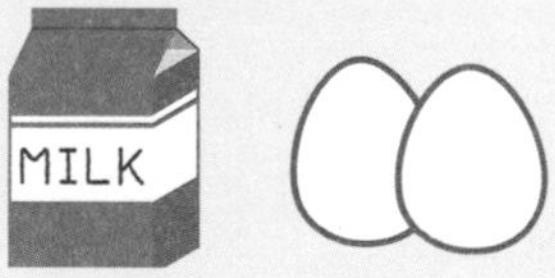

生蛋、半熟蛋都是NG的 1歲半以前，鮮奶皆必須加熱

鮮奶　雞蛋

如果是用在料理上，鮮奶可於壓食期開始使用。如果是要當作飲料，則必須等到嚼食期。有致敏風險的雞蛋，應該先從蛋黃開始嘗試。生雞蛋或半熟蛋不適用於副食品時期。

起司&優格 可不用加熱

原味優格　茅屋起司　加工乳酪

優格應選擇原味。加糖的優格糖分過高，應避免給寶寶吃。起司脂肪較多僅能給寶寶吃少量。茅屋起司的脂肪及鹽分較低，適合用於副食品。

料理專家
淳子老師的建議

可以輕鬆增加蛋白質！

雞蛋或是乳製品很容易烹調，是可以輕鬆獲得營養的便利食材。有時手邊如果沒有肉、魚，也可以在蔬菜中加入鮮奶，煮出牛奶味，或是將起司粉撒在白粥上，就能有助攝取蛋白質！

烹調重點

利用混合、添加等方式，讓寶寶克服對鮮奶的厭惡感

鮮奶可於嚼食期後多給寶寶食用。然而也有寶寶不太願意喝鮮奶。如果要寶寶直接喝有點困難，也可以將鮮奶使用在其他餐點中。例如：試著混在奶油白醬燉菜或是鬆餅粉等當中。

7～8個月 壓食期

主要食材  雞蛋 

鮮奶  原味優格

乳製品或是雞蛋讓人擔心會引起食物過敏，但不需要焦慮，1匙1匙餵給寶寶並仔細觀察吧！

熱量來源　維生素・礦物質來源　蛋白質來源

蔬菜濃湯

7個月～

材料

鮮奶……約3大匙（40ml）
洋蔥、胡蘿蔔……共計15g
馬鈴薯……30g

與蔬菜一起磨碎，可以縮短烹調時間。

作法

❶ 胡蘿蔔與馬鈴薯去皮。將洋蔥一起放入鍋中，加入可以蓋過食材的水量，煮至所有食材變軟。取出所有食材磨碎至滑順狀（取出湯汁備用）

❷ 將①放回湯汁中，加入鮮奶稍微加熱。

維生素・礦物質來源　蛋白質來源

茄子奶酪

7個月～

材料

茄子……15g
原味優格……30～50g

只要沒有對鮮奶過敏，即可使用優格。剛開始時要邊觀察寶寶的狀態邊給寶寶吃。

作法

❶ 茄子去皮，用保鮮膜包覆，放入微波爐加熱約20秒。稍微放涼後，切粗末。

❷ 容器內放入原味優格及①，攪拌均勻後即可食用。

維生素・礦物質來源　蛋白質來源

草莓牛奶

7個月～

材料

鮮奶……2大匙
草莓……5g

切去草莓表面的種籽後磨碎，可作為咀嚼的練習。也可用配方奶粉替換鮮奶。

作法

❶ 草莓過篩網。

❷ 將①與鮮奶混合均勻。

維生素・礦物質來源　蛋白質來源

南瓜鮮奶葛湯

8個月～

材料

南瓜……20g
鮮奶……3大匙多一些（50ml）
日本太白粉水（日本太白粉：水＝1：2）……少許

如果沒有產生黏糊感，可用微波爐重新加熱約10秒。

作法

❶ 南瓜去皮及種籽，用保鮮膜包覆，放入微波爐加熱約50秒。
❷ 將①磨碎至黏稠狀，與鮮奶混合均勻。
❸ 於耐熱容器內放入②，放入微波爐加熱約50秒。加入少許日本太白粉水快速攪拌勾芡。

維生素・礦物質來源　蛋白質來源

番茄小黃瓜佐優格

8個月～

材料

番茄……15g
小黃瓜……5g
原味優格……40～70g

原味優格很好消化吸收非常適合當作副食品。也可以用來做出黏糊感。

作法

❶ 番茄去皮及種籽，切粗末。小黃瓜去皮、磨碎。
❷ 將番茄與原味優格混合均勻，放上小黃瓜，邊攪拌邊餵給寶寶吃。

維生素・礦物質來源　蛋白質來源

蕪菁煮蛋黃

7個月～

材料

蕪菁……15g
水煮蛋蛋黃……1小匙～1顆
高湯……3大匙

蛋黃分量可隨副食品食用進程做出調整。

作法

❶ 將蕪菁的皮厚切剝除、切薄片。
❷ 鍋中放入①、高湯、3大匙水，將所有食材煮軟。
❸ 從鍋中取出②，加入湯汁及蛋黃攪拌成黏稠狀。

維生素・礦物質來源　蛋白質來源

蛋黃燴馬鈴薯碗豆

8個月~

材料

馬鈴薯……45g
碗豆……20g
水煮蛋蛋黃……1/3顆

碗豆色彩鮮豔、口感柔軟，很容易使用。只是碗豆的皮較硬，記得要先剝除。

作法

❶ 馬鈴薯煮軟（湯汁取出備用），磨碎。
❷ 碗豆煮軟，去皮後磨碎，加入①。
❸ 將蛋黃加入②中，充分攪拌，再利用剛才濾出的湯汁稀釋成滑順狀。

維生素・礦物質來源　蛋白質來源

高麗菜蛋花湯

8個月~

材料

高麗菜……20g
高湯……1/3杯（70ml）
蛋液……1/3顆

高麗菜全年度皆有出產，很容易取得。只是，纖維質較多，必須加熱至煮軟為止。

作法

❶ 高麗菜切粗末。
❷ 鍋中放入①、高湯、3大匙水，煮軟。
❸ 將蛋液加入②中，確實煮熟。

維生素・礦物質來源　蛋白質來源

茶碗蒸

8個月~

材料

蛋液……1/3顆
高湯……4大匙
番茄……20g

混合茶碗蒸與蒸番茄後餵給寶寶吃。

作法

❶ 將已充分攪拌均勻的雞蛋加入高湯。放入耐熱容器，蓋上鋁箔紙，放入可蒸煮的器具內，開中火。出現蒸氣後轉小火，約蒸煮5分鐘至凝固為止。
❷ 番茄去皮及種籽，切碎。蒸好後將番茄擺在①上。

雞蛋
乳製品

9～11個月 咬食期

主要食材 壓食期 P95 ＋ 起司粉 起司片 奶油

部分起司是OK的。但是起司含有鹽分，應少量添加，僅當作調味來使用。

維生素・礦物質來源 蛋白質來源

蘋果豆腐優格

9個月～

材料

- 蘋果……10g
- 木綿豆腐……20g
- 原味優格……45g

寶寶習慣吃副食品後，除了絹豆腐，也可以試著吃些較有口感的木棉豆腐。

作法

❶ 蘋果去皮，磨碎。
❷ 於耐熱容器內放入木棉豆腐，用保鮮膜包覆，放入微波爐加熱約20秒。稍微放涼後，切粗末。
❸ 將①、②、原味優格混合均勻。

熱量來源 維生素・礦物質來源 蛋白質來源

南瓜香蕉牛奶

9個月～

材料

- 南瓜……20g
- 香蕉……75g
- 鮮奶……80ml

南瓜與香蕉的自然甜味很受孩子喜愛。

作法

❶ 南瓜去皮及種籽用保鮮膜包覆，放入微波爐加熱約45秒。
❷ 將①與香蕉磨碎，再加入鮮奶稀釋。

維生素・礦物質來源 蛋白質來源

起司粉烤櫛瓜

9個月～

材料

- 櫛瓜……20g
- 起司粉……1/2小匙
- 橄欖油……少許

櫛瓜很容易烹調成可以用牙齦即可磨碎的軟硬度，可以多加利用。

作法

❶ 櫛瓜切成5mm塊狀。
❷ 平底鍋中放入橄欖油，以中火加熱，將①拌炒，並加入1大匙水拌炒至食材煮軟。
❸ 於耐熱容器內放入②，撒上起司粉，用麵包用小烤箱烤至上色約8分鐘。

熱量來源　維生素・礦物質來源　蛋白質來源

小松菜通心粉

10個月～

材料

小松菜	25g
通心粉	17g
鮮奶	4大匙
麵粉	1小匙
奶油	少許
起司粉	1/3小匙

作法

❶ 小松菜煮軟，切粗末。通心粉也要煮軟，再對切。

❷ 平底鍋中放入奶油，以中火加熱，將①稍微拌炒後，均勻撒入麵粉，輕輕攪拌，再加入鮮奶。

❸ 煮好後，整個攪拌均勻，產生黏糊感後放入耐熱盤，撒上起司粉。用麵包用小烤箱烤至上色約8分鐘。

熱量來源　蛋白質來源

番薯優格

11個月～

材料

番薯	80～120g
原味優格	80g

原味優格內含的乳酸菌與番薯內含的膳食纖維加在一起，就是一道整腸效果極佳的餐點。

作法

❶ 番薯去皮、煮軟，稍微壓碎。

❷ 將原味優格盛到容器內，放上①，攪拌均勻後餵食。

維生素・礦物質來源　蛋白質來源

水煮蛋煮四季豆

11個月～

材料

水煮蛋	1/3顆
四季豆	30g
高湯	2大匙

確認四季豆是否有筋絲。如果還有筋絲，要先去除。

作法

❶ 四季豆煮軟，切小塊。高湯中加入2大匙水及四季豆，小火煮約3分鐘。

❷ 加入切碎的水煮蛋，再煮約1分鐘。

維生素・礦物質來源　蛋白質來源

菇菇炒蛋

11個月～

材料

菇類（香菇、鴻喜菇等）……30g
蛋液……1/2顆
芝麻油……少許

菇類中也有像杏鮑菇那種不好切割的食材。這類食材不需要勉強在副食品時期就給寶寶吃。

作法

❶ 菇類切粗末。
❷ 平底鍋中放入芝麻油以中火加熱，拌炒菇類，熟透後放入蛋液，將所有食材拌炒至蛋液完全熟透。

維生素・礦物質來源　蛋白質來源

彩椒歐姆蛋

11個月～

材料

彩椒……30g
蛋液……1/2顆
橄欖油……少許

彩椒外皮較硬，可以先用削皮器去除會比較容易烹調。

作法

❶ 彩椒用削皮器去除外皮及種籽，煮軟後切粗末。
❷ 將①與蛋液混合均勻。
❸ 平底鍋中放入橄欖油，以中火加熱，將②倒入後煎熟。

維生素・礦物質來源　蛋白質來源

胡蘿蔔佐起司

11個月～

材料

胡蘿蔔……30g
起司片……10g

起司片的口感與風味都很棒很容易給寶寶吃太多。但其鹽分較高，應嚴守食用量。

作法

❶ 胡蘿蔔去皮、煮軟，稍微弄碎成容易食用的大小。
❷ 起司片切小塊，與①混合均勻。

卵乳製品 1～1歲半 嚼食期

主要食材 壓食期 P95 ＋ 咬食期 P98 ＋ 幾乎與咬食期的食材相同

許多寶寶及孩子都喜愛乳製品、雞蛋的溫潤口感。就將這些食材放入各式各樣的湯品或是點心中吧！

熱量來源　維生素・礦物質來源　蛋白質來源

奶油燉菜

1歲～

材料

蔬菜（花椰菜、洋蔥、胡蘿蔔等）……30g
馬鈴薯……40g
鮮奶……4大匙
奶油……3g

即使不使用麵粉，磨碎的馬鈴薯也能夠產生黏糊感。

作法

❶ 蔬菜去皮，放入鍋中，加入能蓋住所有食材的水量，煮至蔬菜變軟。
❷ 暫時熄火，用叉子等器具壓碎鍋中的蔬菜，加入鮮奶與3大匙水，開中小火。
❸ 磨碎馬鈴薯，加入②中快速攪拌，做出黏糊感。完成後再加入奶油。

維生素・礦物質來源　蛋白質來源

鮮奶建長汁

1歲～

材料

青蔥……10g
香菇……20g
木綿豆腐……40g
高湯……1/2杯（100ml）
牛乳……2大匙

鮮奶能夠煮出溫潤的口感，預防鹽分攝取過量。

作法

❶ 青蔥切小段後再切成薄片。香菇切小薄片。
❷ 鍋中放入高湯、①、4大匙水，開小火。
❸ 蔬菜煮熟後，放入木棉豆腐，用木匙在鍋中將食材壓碎成容易食用的狀態，放入鮮奶再加熱。

熱量來源　維生素・礦物質來源　蛋白質來源

優格鬆餅

1歲～

材料

原味優格……70g
鬆餅粉……50g
胡蘿蔔（磨碎）……30g
植物油……少許

非常適合用手抓來吃。很適合作為主食或點心。

作法

❶ 碗中放入鬆餅粉、胡蘿蔔泥、原味優格，攪拌均勻。
❷ 平底鍋中放入植物油，以中火加熱，用湯匙將①以每塊2～2.5 cm的大小落入平底鍋中，煎至兩面都上色。

維生素・礦物質來源　蛋白質來源

起司炒彩椒

1歲～

材料

彩椒……30g
披薩用起司……15g
橄欖油……少許

披薩用起司含較高量的脂肪、鹽分，應於寶寶習慣乳製品後再給他吃。

作法

❶ 彩椒用削皮器去除外皮及種籽，煮軟後切成1cm塊狀。
❷ 平底鍋中放入橄欖油，開中火加熱，拌炒①，加入披薩用起司，拌炒至起司稍微融化。

熱量來源　蛋白質來源

玉米濃湯布丁

1歲～

材料

玉米罐頭……40g
蛋液……1/2顆
鮮奶……1大匙

可以用保鮮膜包覆，以微波爐取代蒸籠加熱約1分鐘。

作法

❶ 玉米罐頭過篩網後入碗中。加入蛋液與鮮奶攪拌均勻後，一起放入耐熱容器內。
❷ 將鋁箔紙蓋在①上，放入蒸籠，開中火。等有蒸氣出來後轉小火，蒸約5分鐘至凝固為止。

維生素・礦物質來源　蛋白質來源

洋蔥花椰菜煎蛋捲

1歲3個月～

材料

洋蔥……10g
花椰菜……10g
蛋液……2/3顆
植物油……少許

相當推薦這道煎蛋捲，可以藉此練習用手抓食物來吃。與很好入口的雞蛋混在一起後，或許連討厭蔬菜的孩子也會乖巧地吃下去呢！

作法

❶ 切碎洋蔥與花椰菜。
❷ 於耐熱容器內放入①，用保鮮膜包覆。放入微波爐加熱約30秒，放涼備用
❸ 將②與蛋液混合均勻。
❹ 平底鍋中放入植物油，開中火，煎烤③。

維生素・礦物質來源　蛋白質來源

雞蛋燴小黃瓜

1歲3個月～

材料

水煮蛋……2/3個
小黃瓜……40g
高湯……1大匙

小黃瓜的皮對寶寶來說還太硬，必須先削除。

作法

❶ 小黃瓜去皮，縱切後再切成薄片，稍微煮過後，去除水氣。

❷ 將水煮蛋用叉子等器具稍微弄碎，與①及高湯混合均勻。

維生素・礦物質來源　蛋白質來源

南瓜起司球

1歲3個月～

材料

南瓜……40g
起司片……2/3片

南瓜的甘甜與起司稍帶鹹味的口感非常搭。起司所含有的脂質也能夠幫助β胡蘿蔔素的吸收。

作法

❶ 南瓜去皮及種籽，用保鮮膜包覆。放入微波爐加熱約1分15秒。

❷ 待①稍微放涼後，從保鮮膜上方按壓。

❸ 加入撕碎的起司片，混合均勻後揉成直徑約1.5cm的丸子狀。

維生素・礦物質來源　蛋白質來源

水果鮮奶寒天

1歲3個月～

材料

水果（草莓、柳橙等）……50g
鮮奶……1/2杯（100ml）
寒天粉……2g
砂糖……2小匙

每次的建議食用量為完成量的1/2。

作法

❶ 水果切成小於1cm的塊狀。

❷ 鍋內放入寒天粉與1杯水，充分攪拌均勻後開小火。邊攪拌邊加熱，煮沸後再繼續煮2分鐘，熄火加入砂糖與鮮奶攪拌均勻。

❸將②加入①，倒入淺盤使其凝固。再切成容易食用的大小，或是利用模型做出不同形狀。

完全不會浪費的優秀食品

豆類・乾貨

營養滿分，隨便使用都很棒！能讓寶寶體驗各種味道與口感

在植物性食物中，豆類含有最多蛋白質。比較適合作為副食品食材使用的是大豆的加工食品，比方說，像是豆腐、豆漿、納豆、高野豆腐、黃豆粉等。特別是豆腐，具有高蛋白質，易於消化吸收，是可以完整使用的優秀食品。再加上豆腐已經進行過軟化加工，就算是在吞食期也可以輕鬆使用。然而，豆腐表面容易附著細菌，應於加熱殺菌後再行使用。

乾貨保存期限較長，是將食材乾燥後製成，許多的乾貨甚至比原本的食材更有營養價值，是可以多加利用的一種食材。然而，乾貨由於不易消化、鹽分較高，在烹調以及分量上得多費點心思、妥善運用！

麩

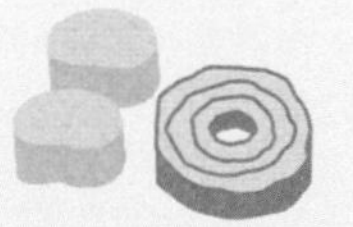

一種烤製麵粉而成的蛋白質食材。為了怕引發過敏，最快也要等到寶寶6個月之後再給寶寶吃。口感柔軟，推薦給不太能接受口感較乾硬的肉類或魚類的寶寶。

黃豆粉

黃豆粉很好消化吸收。由於是粉末狀，只要與白粥等食材混合即可，是可以輕鬆攝取到蛋白質的方便食材。

納豆

納豆營養價值高、好消化吸收，是相當優秀的食材。由於滑順好入口，將其切碎後混入各種食材會更方便食用。別忘了要先加熱。

料理專家
淳子老師的建議

納豆最適合做為副食品！

納豆是寶寶會喜愛的食材之一，也是一種發酵食品，含有各式各樣的酵素，營養價值比大豆更高，也很好消化吸收，可以說是最適合作為副食品的食材。放在湯品中也可以產生黏糊感。

烹調重點

將高野豆腐研磨成粉末狀，即可任意使用◎

日本高野豆腐是大豆加工的乾躁食品，含有許多蛋白質，營養價值高，可以長期保存，常備在家中會非常方便。將乾燥的高野豆腐研磨成粉末狀，即可用於任何餐點。也很推薦用來取代麵包粉當作增稠劑。

高野豆腐的聰明使用法
↓
研磨成粉末狀，即可當作漢堡肉的增稠劑！

豆類
乾物

5～6個月 吞食期

主要食材  豆腐  黃豆粉  豆漿（無調整）  高野豆腐

從含有優質植物性蛋白質與鈣質的豆腐開始。豆腐是口感良好、好消化吸收的優良食品。

維生素・礦物質來源　蛋白質來源

胡蘿蔔燴豆腐

5個月～

材料

胡蘿蔔……5～10g
絹豆腐……5～25g

將寶寶難以接受的蔬菜與豆腐做搭配，就可以使味道變得溫潤、容易入口。

作法

❶ 胡蘿蔔去皮、煮軟，磨碎至滑順狀。
❷ 絹豆腐稍微煮過後，磨碎，與①混合均勻。

維生素・礦物質來源　蛋白質來源

蘋果豆腐

5個月～

材料

蘋果……5～10g
絹豆腐……20g

蘋果的香味與甜味能包住豆腐磨碎後的（苦）澀味，變得容易食用。

作法

❶ 蘋果去皮、煮軟，磨碎至滑順狀。
❷ 絹豆腐稍微煮過後，磨碎，與①混合均勻。

熱量來源　蛋白質來源

豆漿番薯泥

5個月～

材料

豆漿（無調整）……5～10g
番薯……5～20g

有調整成分的豆漿通常會加入調味料或果汁等，副食品時期最好使用無調整成分的豆漿。

作法

❶ 番薯去皮，加水煮軟後磨碎。
❷ 將豆漿加入①，攪拌混合均勻。

維生素・礦物質來源　蛋白質來源

黃豆粉花椰菜

5個月～

材料

黃豆粉 ……1搓～1/2小匙

花椰菜 ……5～10g

黃豆粉有濃郁的香氣，適合用來增添風味。

作法

❶ 花椰菜煮軟，切下前花穗處（→P.45），再磨碎至滑順狀。

❷ 將黃豆粉加入①後混合均勻，可以加入適量高湯（額外材料）調整至滑順狀。

烹調時間 8分

維生素・礦物質來源　蛋白質來源

洋蔥與黃豆粉泥

5個月～

材料

洋蔥 ……5～10g

黃豆粉 ……1/2小匙

為免寶寶噎到，黃豆粉要確實攪拌到沒有粉狀物。

作法

❶ 洋蔥煮軟。

❷ 將①過篩網，磨碎至滑順狀，再加入黃豆粉混合均勻。

烹調時間 10分

維生素・礦物質來源　蛋白質來源

南瓜與高野豆腐葛湯

5個月～

材料

南瓜 ……5～10g

高野豆腐（磨碎）……1搓～1/2小匙

日本太白粉水（日本太白粉：水＝1：2）……少許

如果沒有出現黏糊感，可以再用微波爐加熱約10秒。

作法

❶ 南瓜去皮及種籽，煮軟。

❷ 將①磨碎，加入高野豆腐及1大匙水混合均勻，用微波爐加熱約20秒。

❸ 加入日本太白粉水②，快速勾芡。

烹調時間 10分

豆類乾物

7～8個月 壓食期

主要食材 吞食期 P105 ＋  納豆  麩 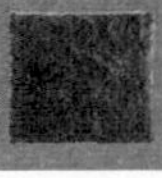 烤海苔  青海苔

營養價值高的納豆、維生素及礦物質豐富的海苔也都可以食用了。
麵麩可能會產生麵粉過敏症狀，需要多觀察一下。

維生素・礦物質來源 蛋白質來源

小黃瓜泥佐納豆

7個月～

材料

小黃瓜……15g
磨碎納豆……12g

基本上在吞食期時，納豆必須要加熱才會比較好消化（可以用微波爐加熱，用煮的也OK）。壓食期時，可以觀察寶寶狀態再決定是否加熱。待習慣後，嚼食期以後不需加熱也OK。

作法

❶ 小黃瓜去皮、磨碎。
❷ 將磨碎的納豆放入耐熱容器中，用微波爐加熱約15秒。
❸ 均勻混合①與②。

維生素・礦物質來源 蛋白質來源

豆漿菠菜泥

7個月～

材料

豆漿（無調整）……2大匙
菠菜（葉）……15g
高湯……1/4杯（50ml）
日本太白粉水（日本太白粉：水＝1：2）……少許

有些孩子不喜歡鮮奶，但是能夠接受豆漿。可以試試看。

作法

❶ 將菠菜菜葉煮軟，切細碎。
❷ 鍋中放入①及豆漿、高湯後開火。煮沸後加入日本太白粉水，快速攪拌勾芡。

維生素・礦物質來源 蛋白質來源

豆腐佐水蜜桃

7個月～

材料

水蜜桃……5g
絹豆腐……30g

為了預防過敏，水蜜桃也要先加熱（可用微波爐加熱）後再使用。

作法

❶ 水蜜桃去皮及種籽，切碎末。
❷ 絹豆腐稍微煮過，放涼後磨碎。
❸ 將①與②混合均勻。

蛋白質來源

豆腐羹湯

8個月～

材料
- 木綿豆腐……40g
- 高湯……1/4杯（50ml）
- 日本太白粉水（日本太白粉：水＝1：2）……少許

如果沒有產生黏糊感，可以重新再用微波爐加熱約10秒。

作法
❶ 將木棉豆腐稍微煮過，輕輕弄碎後，盛至容器內。
❷ 將高湯放入耐熱容器中，用微波爐加熱約1分鐘，加入日本太白粉水，快速攪拌，做出勾芡後淋在①上。

維生素・礦物質來源　蛋白質來源

煮高野豆腐與青江菜

8個月～

材料
- 高野豆腐（磨碎）……1小匙
- 青江菜……20g
- 高湯……1/4杯（50ml）

作法
❶ 青江菜葉煮軟，切粗末。
❷ 鍋中放入高湯、①、高野豆腐，小火煮約1分鐘。

維生素・礦物質來源　蛋白質來源

奶油煮麵麩青蔥

8個月～

材料
- 麩……2個
- 青蔥……20g
- 奶油……少許

麵麩是好消化的蛋白質，能長期保存，可以當作常備食材，非常方便。

作法
❶ 青蔥切細碎。
❷ 鍋中放入①、1/2杯水、奶油，小火煮約5分鐘。
❸ ②中放入切碎末的麵麩，再煮約2分鐘。

豆類乾物 9～11個月 咬食期

主要食材 吞食期 P105 ＋ 壓食期 P107 ＋ 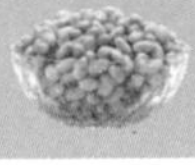 大豆水煮  鹿尾

在意營養均衡與否的時期。可以聰明利用一些營養價值高的乾貨以及富含優質蛋白質的大豆製品。

維生素・礦物質來源　蛋白質來源

豆漿煮白蘿蔔雞肉

9個月～

材料

- 白蘿蔔……20g
- 雞胸肉……10g
- 豆漿（無調整）……1～2大匙

如果無法接受白蘿蔔，也可以使用蕪菁取代白蘿蔔。蕪菁煮起來有甜味，是寶寶比較喜愛的食材。

作法

❶ 白蘿蔔去皮煮軟，用叉子等器具弄碎成容易食用的狀態。雞胸肉去皮及脂肪，切成5mm大小。

❷ 鍋中放入①，以及可以蓋過食材的水量，開中小火，待雞胸肉煮熟後，加入豆漿再稍微煮過。

維生素・礦物質來源　蛋白質來源

炒菠菜納豆

9個月～

材料

- 納豆……18g
- 菠菜……20g
- 植物油……少許

進入咬食期後，納豆可以不用磨碎。納豆加熱後會變軟，變得易於食用。

作法

❶ 菠菜煮軟，切成小塊約5mm大小。

❷ 平底鍋中放入植物油，以中火加熱，拌炒①。加入納豆，再稍微攪拌一下。

維生素・礦物質來源　蛋白質來源

水煮蔬菜配豆腐醬

10個月～

材料

- 胡蘿蔔……10g
- 花椰菜……15g
- 絹豆腐……30～45g
- 高湯……1小匙

不只是花椰菜的花穗部分，連莖也可以一起使用。

作法

❶ 胡蘿蔔去皮，與花椰菜一起煮軟，弄碎成容易食用的大小，盛到容器內。

❷ 絹豆腐稍微煮過後，過篩網，與高湯混合均勻後，添加到①之中。

蛋白質來源

芝麻油炒豆腐鰹魚

11個月～

材料

木棉豆腐……45g
鰹魚片……2搓
芝麻油……少許

豆腐是相當適合用來練習咀嚼的食材。可以試試各種大小或是型態

作法

❶ 平底鍋中放入芝麻油以中火加熱，加入豆腐一邊拌炒一邊弄碎成容易食用的大小。

❷ 加入鰹魚片，整體攪拌均勻。

烹調時間 8分

維生素・礦物質來源　蛋白質來源

高野豆腐小松菜羹

11個月～

材料

高野豆腐……1/3枚（5g）
小松菜……30g
高湯……1/2杯（100ml）
日本太白粉水（日本太白粉：水＝1：2）……少許

高野豆腐可以長期保存，也是建議常備於手邊的食材之一。

作法

❶ 將高野豆腐放入水中，使其膨脹恢復原狀，切粗末。小松菜切成5～7mm寬。

❷ 鍋中放入①、高湯、4大匙水，開小火煮約5分鐘。

❸ 完成後加入日本太白粉水，快速攪拌，作出勾芡。

烹調時間 10分

熱量來源　維生素・礦物質來源　蛋白質來源

麵麩蔬菜腸

11個月～

材料

麵麩……3個
胡蘿蔔……10g
菠菜……20g
麵粉……1/2大匙
植物油……少許

麵麩含有優質蛋白質，保存性又高，可以庫存備用，相當方便。

作法

❶ 胡蘿蔔去皮、磨碎。菠菜煮軟，切小塊。

❷ 碗中放入①及撕碎的麵麩攪拌均勻備用。麵麩泡軟後，加入麵粉混合均勻。

❸ 平底鍋中放入植物油，以中火加熱，將②以每塊1～1.5cm大小的橢圓形落入平底鍋中，煎至兩面都上色。

烹調時間 15分

豆類乾物 1～1歲半 嚼食期

主要食材 吞食期 P105 ＋ 壓食期 P107 ＋ 咬食期 P109 ＋ 與至咬食期的食材幾乎相同

幾乎所有的大豆製品或是乾貨都可以烹調後食用了。
這些食材都很方便使用，試著做出各種嘗試吧！

熱量來源 維生素・礦物質來源 蛋白質來源

蔬菜豆漿焗通心粉

1歲～

材料

- 通心粉……30g
- 菇類（香菇、鴻喜菇等）…20g
- 洋蔥……10g
- 豆漿（無調整成分）……1/3杯（70ml）
- 麵粉……1大匙
- 奶油……3g

作法

❶ 通心粉煮軟，長度切半。
❷ 切碎菇類與洋蔥。
❸ 鍋中放入奶油，以中火拌炒②。煮熟後將麵粉均勻撒入，稍微攪拌，加入豆漿與1大匙水，煮至產生黏糊感。
❹ 加入通心粉攪拌後，放入耐熱容器內，再放入麵包用小烤箱烤至上色約7～8分鐘。

熱量來源 維生素・礦物質來源 蛋白質來源

大豆花椰菜煎餅

1歲～

材料

- 水煮大豆……15g
- 花椰菜……20g
- 麵粉……5大匙
- 植物油……少許

做成煎餅後，就不用擔心寶寶會被大豆噎到，可以安心食用。

作法

❶ 花椰菜煮軟、切碎。水煮大豆剝皮、切碎。
❷ 碗中放入①、麵粉、4大匙水後混合均勻。
❸ 平底鍋中放入植物油，以中火加熱，將②流入平底鍋內，煎至兩面都上色後，切成容易食用的大小。

維生素・礦物質來源 蛋白質來源

南瓜佐黃豆粉奶酪

1歲～

材料

- 南瓜……30g
- 黃豆粉……1小匙
- 原味優格……60g
- 奶油……2g

將南瓜、黃豆粉與優格攪拌後餵給寶寶吃。

作法

❶ 南瓜去皮及種籽，用保鮮膜包覆。放入微波爐加熱約1分鐘。放涼後切成1cm塊狀。
❷ 將原味優格與黃豆粉確實攪拌均勻，盛到容器內。
❸ 平底鍋中放入奶油，開中火，拌炒①後，擺在②之上。

維生素・礦物質來源 蛋白質來源

豆腐排佐蔬菜醬

1歲～

材料

木棉豆腐……50g
南瓜……30g
芝麻油……少許

南瓜醬具有甜味，寶寶相當喜歡。將南瓜醬淋在不討喜的食材上也是個好方法。

作法

❶ 南瓜去皮及種籽，用保鮮膜包覆。放入微波爐加熱約1分鐘。
❷ 將①磨碎至滑順狀，利用適量湯汁（額外材料）稀釋成可作為醬汁的濃稠度。
❸ 將木棉豆腐切成容易食用的大小。
❹ 平底鍋中放入芝麻油，以中火加熱，將③煎至兩面明顯上色。盛到容器內，淋上②。

烹調時間 12分

維生素・礦物質來源 蛋白質來源

蘋果煎豆腐

1歲～

材料

木棉豆腐……50g
蘋果……10g
奶油……2g

蘋果加熱後能夠增加膳食纖維蘋果膠的整腸作用。

作法

❶ 蘋果去皮，切小薄片。
❷ 鍋中放入①及奶油，開小火稍微拌炒。
❸ 加入木棉豆腐，邊壓碎邊拌炒約1分鐘。

烹調時間 10分

蛋白質來源

麵麩餅乾

1歲～

材料

麵麩……3個
砂糖……2撮

作法

麵麩上灑上砂糖，放入麵包用小烤箱烤4～5分鐘。

容易烤焦，烤的時候要注意觀察狀況。

烹調時間 8分

維生素・礦物質來源　蛋白質來源

雞蛋綴豆腐

1歲3個月~

材料

- 絹豆腐……30g
- 蛋液……1/3顆
- 四季豆……40g
- 高湯……1/3杯（70ml）

四季豆雖然是不太容易入口的食材，但是加入雞蛋與豆腐一起煮後會變得比較柔軟、容易入口。

作法

❶ 四季豆切小塊，與高湯一起放入鍋中，開小火煮軟。

❷ 將絹豆腐弄碎加入，稍微煮過後，再加入蛋液，煮至蛋液完全熟透。

熱量來源　維生素・礦物質來源　蛋白質來源

納豆與小松菜天婦羅

1歲3個月~

材料

- 納豆……22g
- 小松菜……40g
- 麵粉……2大匙
- 酥炸油……適量

酥炸油的中溫是指170～180度。將長筷子的尖頭插入油中時，筷子上會有細微的氣泡。

作法

❶ 小松菜切粗末。

❷ 碗中放入①、納豆、麵粉、1小匙水後混合均勻。

❸ 於中溫的酥炸油中落入1口大小的②，炸至酥脆。

維生素・礦物質來源　蛋白質來源

和風番茄煮高野豆腐

1歲3個月~

材料

- 高野豆腐……8g
- 番茄汁（無鹽）……1/2杯（100ml）
- 洋蔥……30g
- 高湯……1/4杯（50ml）
- 橄欖油……少許

如果沒有番茄汁，也可以使用番茄水煮罐頭。

作法

❶ 將高野豆腐放入水中，使其膨脹恢復原狀，切粗末。洋蔥切碎末。

❷ 平底鍋中放入橄欖油，以中火加熱，將①的洋蔥稍微拌炒一下。

❸ 加入②的高野豆腐、番茄汁、高湯，以小火煮約5分鐘。

水果

寶寶最愛的維生素、礦物質來源

注意避免過度攝取高糖分的水果

水果含有豐富的維生素、礦物質、膳食纖維，還有獨特的香氣與甜味，是寶寶喜歡的食材之一。橘子、柳橙等柑橘類含有檸檬酸，植物性食品中所含有的鐵質難以被人體吸收，但檸檬酸可以將之轉化為容易被吸收的「非血基質鐵（non-heme iron）」形式。

幾乎所有水果，去除纖維、處理成寶寶能夠吞嚥的軟硬度，即可用於吞食期。然而，由於糖分含量較高，在副食品時期必須注意適量給寶寶吃，均衡地從蔬菜與水果中攝取維生素、礦物質。此外，香蕉雖然也是維生素與礦物質來源的食材，但是由於其含有許多碳水化合物，亦被視為是熱量來源。

應注意給予時期的水果

鳳梨　酪梨

葡萄柚　水果乾

鳳梨中所含有的成分會刺激口腔，應加熱後再給寶寶吃；糖分較高的水果乾應從9個月後再給寶寶吃；酪梨可以從7個月後開始給寶寶吃，但是由於其脂肪較高，僅能給予極少量。

可以從吞食期開始的水果

蘋果　橘子　草莓

葡萄　櫻桃　奇異果

蘋果、橘子、葡萄等眾多水果都可以從吞食期開始給予寶寶。但是為了預防過敏，最好加熱後再給寶寶吃會比較放心。

料理專家
淳子老師的建議

不能過度食用水果

我們往往會不自覺地用水果取代蔬菜，但是這樣寶寶會因太過於習慣水果的甜味，而不想食用其他食材，所以要避免過度食用水果。在寶寶生病或是吃膩副食品時則能多多利用水果，當成一種救急的解決方案。

調理ワンポイント

與肉類一起烹調，可以提升鮮味、讓寶寶更好吞嚥

在副食品初期，食用水果前必須先加熱，這樣會比較安心。香蕉、蘋果加熱後，甜度會提高。此外，水果能夠軟化肉類的肉質，因此與肉類等食材一起烹調會更好。水果的甜味，也能幫助寶寶更好入口。

蘋果炒豬肉

將豬肉切碎，與磨好的蘋果泥一起拌炒。

Part 3

輕鬆愉快！創意副食品

吃副食品成為每天的例行公事後，菜色會開始流於形式，
並且覺得烹調起來麻煩。
為了減輕媽媽的壓力、讓媽媽能夠輕鬆愉快地製作副食品，
本章網羅了各式各樣的好點子！

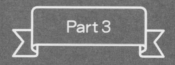

節省時間，烹調迅速

有效縮短時間的技巧

希望每天製作副食品時都能夠更輕鬆、更美味。這個單元將介紹如何實現這個願望、提供一些縮短時間的好點子。

聰明運用家電或是便利性的食材，減少麻煩

要照顧開始吃副食品的寶寶相當辛苦，所以應該盡量縮短烹調所需花費的時間。想要有效縮短製作副食品的時間，重點不在於「該如何在短時間內完成？」而應該放在「該如何減少麻煩？」比方說，馬鈴薯連皮一起煮，外皮容易剝除，可以少清洗一個削皮器。再者，還有一個關鍵字是「放入」。可以考慮使用一些像是微波爐、電子鍋等，只要將食材放入即可自動烹調處理的家電，節省一點力氣。此外，如果各種食材全都要分別烹調很麻煩，應該想辦法找出可以同時烹調各種食材、能夠縮短時間、增加與寶寶或家人的相處時間、減少勞力與壓力的好方法。

「縮短烹調時間」的5大重點

1 避免不必要的作業。不要擴大工作

烹調時往往不小心會擴大作業範圍，我們應該依寶寶所處的時期去思考是否不需去皮、不用過濾網等，思考「不用做～」，以節省勞力。

2 選擇簡易食材

可以利用不需要去除魚刺或魚皮的生魚片，烹調過後直接給寶寶吃，或是選擇容易磨碎的豆腐等，藉由一些容易烹調的食材，縮短烹調時間。

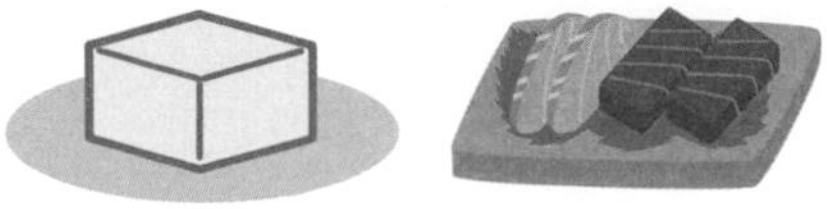

3 一起整理保存，解凍時會比較輕鬆

「一起」、「整理」也是縮短時間的重要關鍵字。特別是經常會使用到的食材，可以先切好再一起冷凍保存，解凍後就能夠一次處理。

4 選擇放入即可的烹調方法

善加利用可以「一鍋完成」的烹調方法，或是使用微波爐、電子鍋、悶燒鍋等放入即可自動烹調處理的家電。

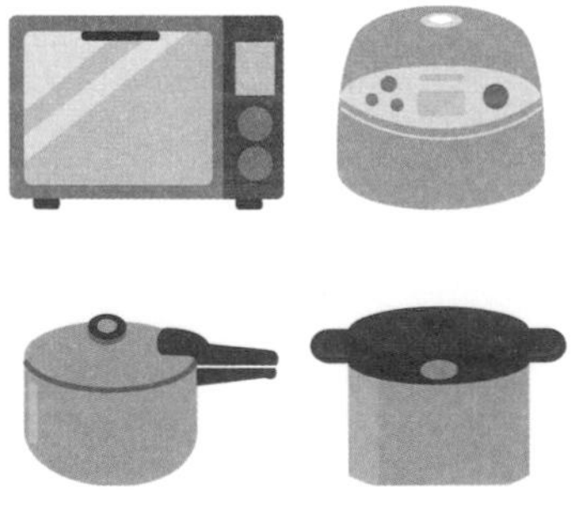

5 聰明取得一些便利的器具

視必要狀況聰明取得一些便於烹調的器具或是嬰兒食品（→P.132）。不只是要讓烹調這件事情變得更輕鬆，也要注意方便收拾。

放入即可的便利家電

微波爐的超級活用法

微波爐是「只要放入即可自動烹調」的終極便利好物！

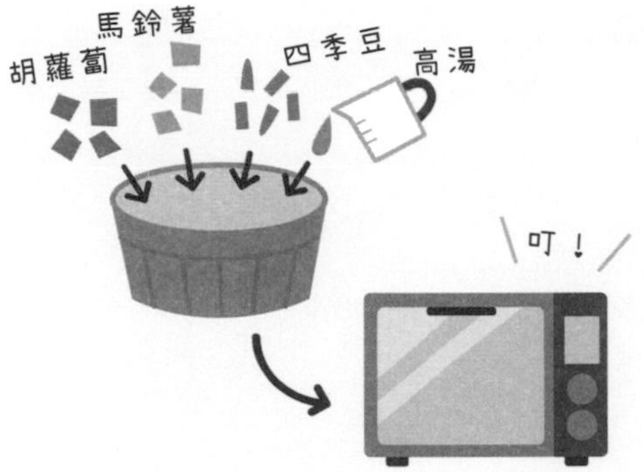

5倍粥　白飯30g＋水60ml=完成量約70g

軟飯　白飯60g＋水60ml=完成量約80g

如果可以使用微波爐進行烹調，後續收拾也會比較輕鬆！

微波爐可以做出煮、蒸、炒等口感的餐點。只要使用耐熱器具進行烹調，即可直接端上餐桌。此外，由於不會用到火，即使寶寶進入廚房，也不用擔心。

白粥也可以用微波爐煮！

將上述材料放入一個較大的耐熱碗，以微波爐加熱（5倍粥=約3分鐘、軟飯=約4分鐘），用保鮮膜包覆或是蓋上蓋子悶蒸約10分鐘，即可輕鬆做出白粥。

不用鍋子也可以做出黏糊度！

如果想要稍微做出一點黏糊度，使用微波爐也很方便。利用微波爐將熱開水、高湯等加熱至滾燙，於其中放入少許的水溶性日本太白粉，快速攪拌即可產生勾芡的黏糊感。如果還是沒有產生黏糊感，可以再用微波爐加熱約10秒，快速攪拌均勻。

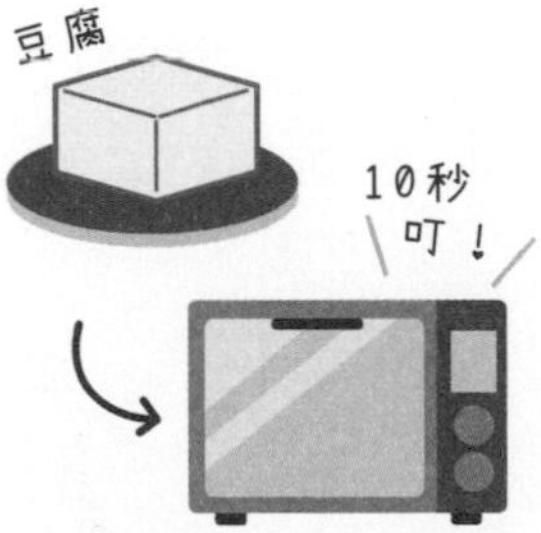

利用微波爐可以輕鬆去除豆腐表面細菌

豆腐表面會附著一些雜菌，建議要先煮過後再使用。如果有微波爐，可用餐巾紙包裹住，微波約10秒，即可輕鬆殺菌，同時也可以去除多餘水分。

短時間內即可煮軟，可保留蔬菜的營養

難以煮軟的根莖類也可以利用微波爐輕鬆煮軟。優點是加熱時間縮短，營養比較不會被破壞，同時也縮短了站在火爐前的時間、節省勞力，簡直是一石二鳥！

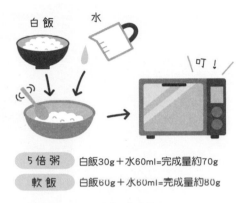

製作副食品的超強戰略

縮短時間！輕鬆活用烹調器具

麻煩的準備工作或是烹調都可以使用這些技巧或是器具，讓烹調變得更順手！
在此介紹一些便利的、縮短時間的好方法！

磨泥器

冷凍時使用，可縮短時間

想要弄碎冷凍雞里肌肉或是麵包時，可以在冷凍狀態下研磨。冷凍生鮮蔬菜磨碎後可直接下鍋。

手持式篩網

用來分開煮蔬菜等食材

手持的小型篩網可以在煮義大利麵等時，將切好的蔬菜放入篩網，再將整個篩網放入鍋中，即可分別烹煮，相當方便。

廚房剪刀

可以快速切好麵條、蔬菜

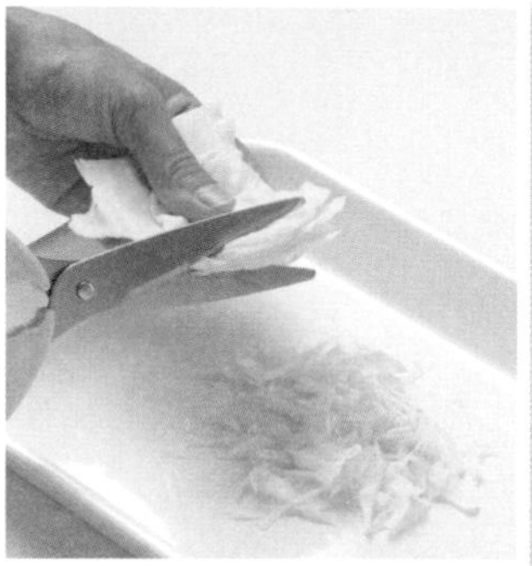

廚房剪刀可以用來輕鬆裁剪較長的麵或是肉類等。葉菜類的蔬菜不需要菜刀&砧板即可輕鬆剪成碎末。

食物研磨機

快速打碎食材！

中間的刀片可以高速旋轉，瞬間打碎蔬菜。在需要同時準備多種食材時，相當有幫助。

手持式攪拌棒

瞬間完成濃稠湯品

可以將食材攪碎至滑順狀，也可以輕鬆做出白粥或是湯品。可以直接放在鍋中使用，減少後續要清洗的器具。

刨刀

切絲、切薄片都能用

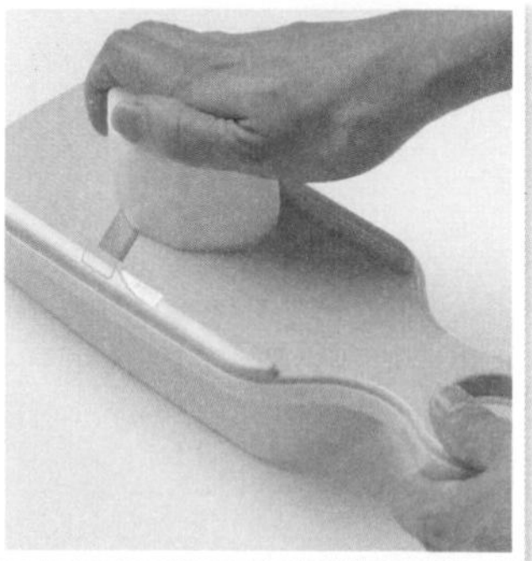

想要將蔬菜切絲時，使用刨刀很方便。依刀鋒粗細、大小，可削出各種厚度。

削皮器

少量薄片也很輕鬆

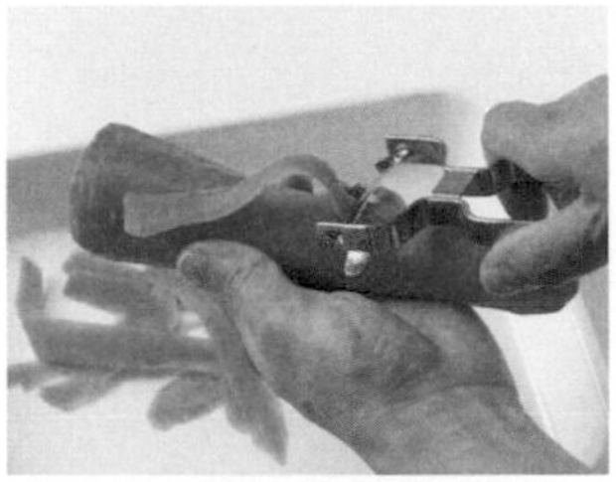

不只可以去除蔬菜的外皮，也可以將蔬菜切成薄片。是一款拿取、收納皆方便的便利好物。

叉子

輕鬆縮短時間的好工具

叉子也是一個很棒的省時器具。可以壓碎已煮軟的少量蔬菜，比起使用研磨缽或是搗碎器，叉子更為方便。

水煮蛋切割器

除了切蛋，也可以切蔬菜

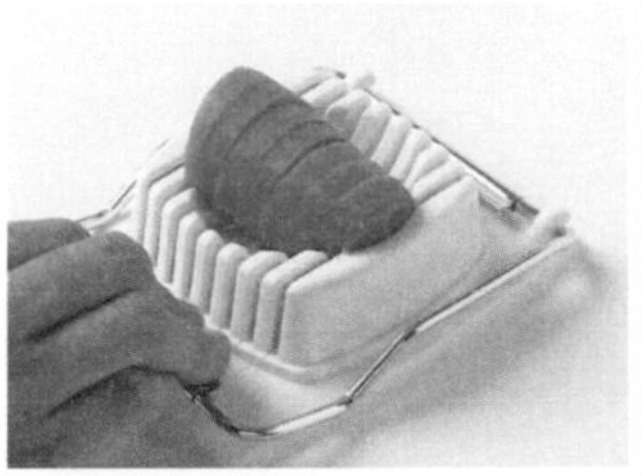

不只可以用來切割水煮蛋，也可以用於切割蔬菜。可以將食材一次切成相同大小，方便做出手指食物。

微波爐用壓力鍋

從備料到烹煮都OK

讓微波爐也能達至壓力鍋功能的一款烹調器具。可以煮軟蔬菜，需要燉煮的材料也只需放入微波爐就可以完成。

矽膠蒸籠

方便用於微波爐食品

可以用微波爐輕鬆烹調的矽膠製烹調器具。不只可以將食材煮軟，還可以進行煮、烤等各種烹調。

打蛋器

常用於吞食期

如果想要在白粥中摻入其他食材，非常推薦使用小型的打蛋器。柔軟的白粥與蔬菜顆粒可以因此變得更小。

前輩媽媽們的縮短時間技巧

根莖類蔬菜可以利用電子鍋完全煮到軟爛

可以在利用電子鍋煮白飯或是白粥時，順便另用一小鍋將胡蘿蔔、馬鈴薯連皮包放入後，一起放入電子鍋烹煮。蔬菜就可以煮得非常軟爛唷！
（兵庫縣／O.M小姐）

使用電子鍋可以同時煮好白粥與白飯

煮白飯時，另外將米與10倍水放入耐熱容器內，擺在電子鍋中間，按下電源！飯煮好時，也能同時煮好白粥。將米先搗碎後再煮，研磨時會比較輕鬆。
（宮城縣／T.A小姐）

麵條可以放在碗中，利用副食品專用剪刀剪碎

使用副食品專用剪刀即可剪碎餐盤中的麵條或是餐點，完全不需要用到菜刀或是砧板，使用起來非常衛生。外食時也非常方便使用唷！
（東京都／S.M小姐）

※使用電子鍋時，也有些製品無法適用於縮短時間的技巧。請先確認好使用説明書。

冷凍的基本技巧

每天製作副食品都超級輕鬆！

每天一點一點少量地製作副食品，實在非常辛苦。為了解決各位這方面的困擾，在此介紹使用冷凍副食品的重點。

冷凍的基本原則

只要掌握住冷凍的訣竅，就能夠輕鬆做出新鮮且美味的副食品！

1 冷凍必須趁新鮮

即使冷藏，食材也會隨時間而失去鮮度、流失營養。冷凍保存時，除了選擇新鮮的食材，還要盡量在購買當日，用正確的方法冷凍起來。

2 放入冷凍庫時必須確定已充分退溫

食材一定要煮過後才能冷凍。此外，加熱處理後，還必須要等待食材已充分退溫冷卻才能夠冷凍。如果還有微溫，一旦冷凍庫的溫度上升，就很容易滋生細菌。

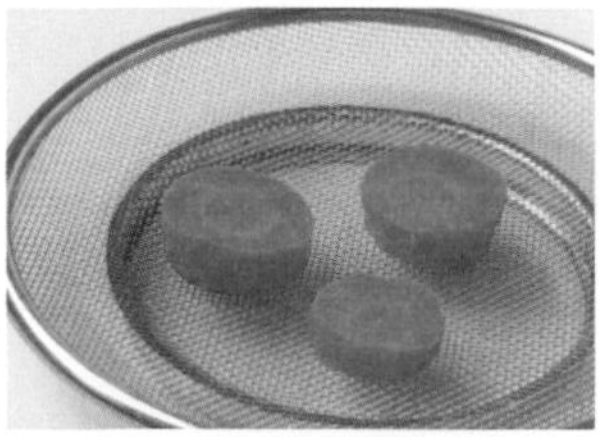

3 依每次的食用量，予以分裝

食材應依每次的食用量分裝後再冷凍。使用時只需解凍欲食用的分量，即可加快烹調速度，也能夠維持食材的新鮮度。

4 盡可能急速冷凍

慢速冷凍會破壞食材細胞、容易滋生細菌、流失營養與美味度。急速冷凍時可以使用導熱性較佳的金屬板，效果會更好。

5 充分去除水分與空氣，在密閉狀態下冷凍

食材接觸空氣後會變得乾扁、氧化。如果有水分殘留，則容易結霜而影響美味與口感。密封時應確實去除水氣與空氣。

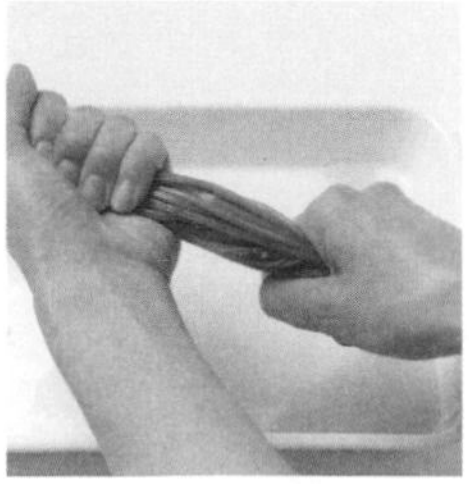

不適合冷凍的食材

萵苣、小黃瓜等生菜冷凍後會使食材內水分流失、降低美味度，因此不適合冷凍。馬鈴薯等澱粉類、蛋黃（蛋白OK）、豆芽菜等也都是不適合冷凍的食材。

冷凍的基本技巧

冷凍分裝技巧

製冰盒

製冰盒使用起來很方便,除了高湯、湯汁，也可以放入滑順狀、顆粒細小的食材。將冷凍後的食材取出後，再放入密閉容器保存。

冷凍袋

冷凍帶很方便使用，食材整理好要冷凍時，可以攤平再冷凍。分有大、中、小尺寸。

保鮮膜

保鮮膜適合依每次食用分量、分裝水分較少的食材。也可以包裝成扁平片狀或是束口袋狀。

小型分裝容器

依每次食用分量保存，可以使用附有蓋子的小型分裝容器，使用起來較為方便。建議使用可以直接利用微波爐加熱的耐熱容器。

解凍的基本原則

為了美味與安全，請熟記解凍的基本知識！

1 冷凍後，務必要重新加熱再食用

如果任其緩慢地自然解凍，食材容易滋生細菌，應在冷凍狀態下直接使用微波爐加熱。如果餐點汁液較多，也可以直接在冷凍狀態下加熱。魚、肉類如果重新加熱會變硬，可以在生鮮狀態下直接冷凍，解凍後再加熱食用。

2 加熱時，可以加入少量水分

解凍時，如果是要用微波爐重新加熱一些原本水分就較少的食材，食材會變得較乾硬而失去口感。可以加入少量的水或是湯汁等，先補充一些水分，再進行加熱&解凍！

3 使用微波爐可縮短加熱時間

使用微波爐解凍單次分量較少的副食品時，如果過度加熱，食材恐會變得乾硬。因此可以縮短每次設定的加熱時間，慢慢一點一點地加熱。

4 最好1週內使用完畢

製作副食品的食材容易腐壞，冷凍期間若較長也會影響美味，最好能在1週內使用完畢。在食材外包裝上寫下冷凍日期，會比較清楚。

5 解凍過後的食材不得再重新冷凍

解凍過後的食材不能再重新冷凍，因為食材容易腐壞、不衛生，味道也會變差。原本就是用冷凍食材製做的菜餚，也嚴禁重新冷凍。

吃剩的不能再冷凍！

寶寶狀況變化無常，有時候會不太想吃副食品。不過，絕對不能夠重新冷凍寶寶吃剩的副食品。吃剩的副食品已經沾有寶寶的口水，容易孳生細菌，在衛生方面是NG的。

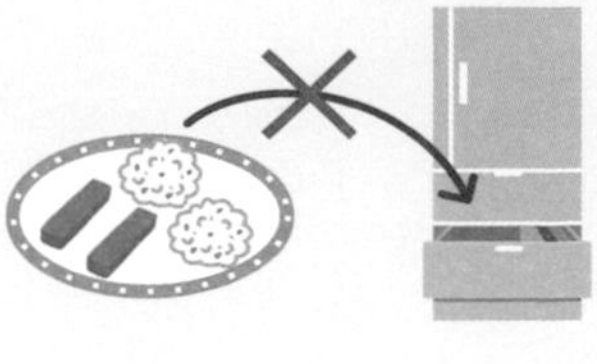

自由搭配！食材&各個時期

冷凍的簡單技巧

利用適當的方法冷凍，就能隨時輕鬆完成副食品。

菠菜

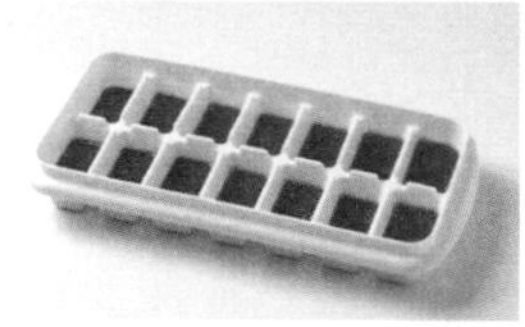

吞食期

僅將菠菜菜葉煮軟，磨碎至滑順狀，將每餐分量（10～15g）分別放入製冰盒冷凍。冷凍完成後再從製冰盒取出，放入冷凍袋之類的容器中保存。

壓食期

僅將菠菜菜葉煮軟，切細碎，放入冷凍袋中，壓成薄片狀後冷凍。每次使用時再切下該餐的分量（15～20g）。

咬食期

將菠菜煮軟，切粗末。依每餐分量分裝、放入分裝容器或是用保鮮膜包覆後冷凍。建議每餐烹煮分量為20～30g。

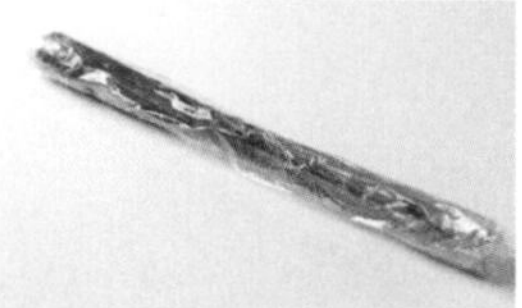

嚼食期

菠菜煮軟，濾掉水分後用保鮮膜包覆成棒狀冷凍。解凍後，再依每餐40g的烹煮分量切下。

胡蘿蔔

吞食期

胡蘿蔔煮軟、磨碎至滑順狀，放入冷凍袋、壓成扁平狀後冷凍。每次使用時再切下該餐的分量（10～15g）。

壓食期

胡蘿蔔煮軟、切細碎，放入冷凍袋。壓成扁平狀後冷凍。每次使用時再切下該餐的分量（15～20g）。

咬食期

胡蘿蔔煮軟後切成7mm塊狀。依每餐分量分裝、放入分裝容器或是用保鮮膜包覆後冷凍。建議每餐分量為20～30g。

嚼食期

胡蘿蔔煮軟後切成可方便用手抓取的棒狀。依每餐分量分裝、放入分裝容器或是用保鮮膜包覆後冷凍。建議每餐分量為30g。

白粥

吞食期

將10倍粥磨碎至滑順狀，依每餐分量（15g）分別放入製冰盒中冷凍。冷凍完成後再從製冰盒取出，放入冷凍袋之類的容器中保存。

壓食期

將7倍粥依每餐分量（50g）分別放入分裝容器，或是將4餐的分量放入冷凍袋中，再以筷子等器具區分出每一等分後冷凍。壓食期後半段則依每餐5倍粥的分量（80g）分裝。

咬食期

將5倍粥依每餐分量（90g）分裝、放入分裝容器或是用保鮮膜包覆壓成扁平狀後冷凍。咬食期後半段則依每餐軟飯的分量（80g）分裝。

嚼食期

將每餐軟飯（90g）分裝、放入分裝容器或是用保鮮膜包覆後冷凍。嚼食期後半段已經可以食用成人軟硬度的白飯，每餐以80g為建議冷凍分量。

雞里肌肉

壓食期 咬食期 嚼食期

去筋後，依每餐分量（10～20g）分裝，用保鮮膜包覆後冷凍。可以直接加熱、解凍使用，或是在冷凍狀態下磨碎後加熱烹調。

納豆

壓食期 咬食期 嚼食期

依每餐分量（15g）用保鮮膜包覆後冷凍。

高湯&湯品

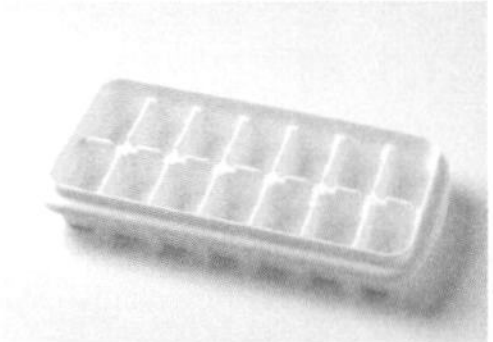

吞食期 壓食期 咬食期 嚼食期

可以先煮好高湯，再分裝冷凍保存就會很方便。製作好高湯後，倒入製冰盒、分裝冷凍（高湯製作方法請參照P.43）。冷凍完成後取出，放入冷凍袋保存。蔬菜湯等也可以用相同方法冷凍。

小番茄

咬食期 嚼食期

清洗、去蒂頭，整顆放入冷凍袋後冷凍。冷凍後，用熱開水燙過即可輕鬆去皮。

魚肉

吞食期

加熱後去魚刺、魚皮，研磨至滑順狀，依每餐分量（5～10g）分裝後以保鮮膜包覆冷凍。使用時，應在冷凍狀態下直接加熱解凍。

壓食期 咬食期 嚼食期

去魚刺、魚皮後，切下每餐分量（10～20g），再分別用保鮮膜包裹後冷凍。

牛肉

咬食期 嚼食期

將每餐分量（15～20g）分別用保鮮膜包裹後冷凍。

南瓜

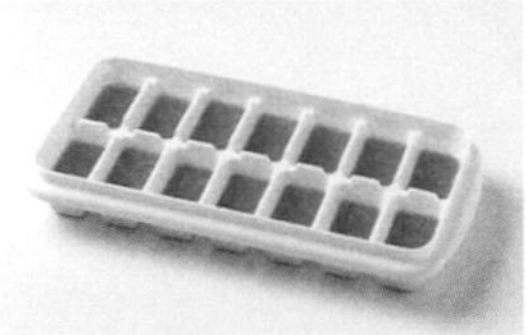

吞食期

南瓜煮軟，磨碎至滑順狀，依每餐分量（10～15g）分別放入製冰盒中冷凍。冷凍完成後再從製冰盒取出，放入冷凍袋之類的容器中保存。

壓食期

南瓜煮軟，研磨後放入冷凍袋中，壓成扁平狀後冷凍。每次使用時再切下該餐的分量（15～20g）。

咬食期

南瓜煮軟，依每餐分量揉成團後分裝。可以用保鮮膜包裹成茶巾狀後冷凍。咬食期前半段建議每餐分量為20g，後半段為30g。

嚼食期

南瓜煮軟，切成1cm塊狀。依每餐分量分裝，可以放入小型分裝容器內，或是用保鮮膜包覆後冷凍。每餐建議分量為30~40g。

配合冷凍小技巧，營養均衡UP！

將食材混合均勻後冷凍，或是將煮好的食材分裝、冷凍，即可輕鬆完成營養滿分的餐點！

將經常會使用到的食材先煮好後冷凍備用！
準備一餐的分量，一起冷凍！

將經常會使用到的食材，依不同時期需求切成適當的大小，摻在一起冷凍，需要使用時就可以同時加熱，這樣會輕鬆許多，也能提升營養均衡度！此外，義大利麵等會一次大量烹煮的餐點，可以依每餐分量分裝冷凍，使用時取適量用微波爐加熱即可輕鬆完成。

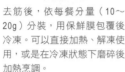

各個時期

副食品的冷凍食譜

在此介紹各個時期活用冷凍食材的食譜。食材聰明組合搭配，可以一物多用。

維生素・礦物質來源　蛋白質來源

注意！不要過度加熱黏糊狀的白肉魚！

胡蘿蔔
白肉魚泥

材料

冷凍白肉魚（磨碎）⋯⋯⋯⋯⋯⋯5g
冷凍胡蘿蔔（磨碎）⋯⋯⋯⋯⋯⋯10g

作法

將所有材料放入耐熱容器內，用保鮮膜包覆，放入微波爐加熱約30秒後攪拌均勻。

熱量來源　維生素・礦物質來源　蛋白質來源

與白粥混合後，呈現黏糊狀更容易食用

菠菜
白肉魚粥

材料

冷凍菠菜（磨碎）⋯⋯⋯⋯⋯⋯10g
冷凍白肉魚（磨碎）⋯⋯⋯⋯⋯⋯5g
冷凍10倍粥⋯⋯⋯⋯⋯2大匙（30g）

作法

將所有材料放入耐熱容器內，用保鮮膜包覆，放入微波爐加熱約2分鐘，攪拌均勻。

維生素・礦物質來源

南瓜的甜味加上高湯的鮮美

南瓜湯

材料

冷凍南瓜（磨碎）⋯⋯⋯⋯⋯⋯5g
冷凍高湯⋯⋯⋯⋯⋯25ml（1/8杯）

作法

將所有材料放入耐熱容器內，用保鮮膜包覆，放入微波爐加熱約1分鐘，攪拌均勻。

壓食期

善用冷凍食材，增加菜色變化！

熱量來源　維生素・礦物質來源　蛋白質來源

加上納豆，營養滿分！

納豆南瓜粥

7個月～

材料

冷凍磨碎納豆……12g
冷凍南瓜（壓碎）……15g
冷凍7倍粥
……4又1/2大匙（50g）

作法

❶ 將磨碎納豆放入耐熱容器內，用微波爐加熱約30秒。
❷ 於耐熱容器內放入南瓜與7倍粥，用保鮮膜包覆，放入微波爐加熱約3分鐘。
❸將①與②混合均勻。

維生素・礦物質來源　蛋白質來源

濃湯也可以冷凍保存，相當方便

胡蘿蔔濃湯

7個月～

材料

冷凍胡蘿蔔（碎切）
……15g
鮮奶……3大匙

作法

將所有材料放入耐熱容器內，用保鮮膜包覆，放入微波爐加熱約1分鐘，攪拌均勻。

維生素・礦物質來源　蛋白質來源

加入花椰菜，讓色彩更豐富

花椰菜雞里肌肉泥

8個月～

材料

冷凍雞里肌肉……15g
冷凍花椰菜……20g

作法

將所有材料放入耐熱容器內，用保鮮膜包覆，放入微波爐加熱約1分鐘，攪拌均勻。

維生素・礦物質來源　蛋白質來源

味道清淡的白肉魚加上番茄醬，可以增加酸味與色彩度

茄汁白肉魚

9個月～

材料

冷凍白肉魚……………15g
冷凍番茄（去皮及種籽）……………20g

作法

❶ 將白肉魚放入耐熱容器內，用保鮮膜包覆，放入微波爐加熱約20秒，稍微放涼後，用叉子等器具壓成軟爛狀。

❷ 將番茄放入耐熱容器內，用保鮮膜包覆，放入微波爐加熱約30秒，用叉子等工具仔細壓碎。

❸ 將①盛到容器內，再淋上②。

維生素・礦物質來源　蛋白質來源

鮮美度滿點的糊狀食物，實在是太讚了！

雞胸碎肉菠菜湯

9個月～

材料

冷凍雞胸肉……………15g
冷凍菠菜（切粗末）……………20g
冷凍高湯……………1/3杯
日本太白粉水（日本太白粉：水=1：2）……………少許

雞胸肉先去皮，再冷凍。

作法

❶ 將高湯、雞胸肉、菠菜放入鍋中，開小火。

❷ 高湯煮沸、食材煮熟後，取出雞胸肉，切成7mm塊狀後再放回鍋中。加入日本太白粉水勾芡。

熱量來源　維生素・礦物質來源　蛋白質來源

放涼可用手拿來吃的煎餅

胡蘿蔔納豆煎餅

11個月～

材料

冷凍納豆…18g
冷凍胡蘿蔔…30g
麵粉…2大匙
植物油…少許

作法

❶ 將納豆與胡蘿蔔放入耐熱容器內，用保鮮膜包覆，放入微波爐解凍。

❷ 將麵粉加入①，整體攪拌均勻。

❸ 平底鍋中放入植物油，以中火加熱，將②用湯匙舀出一口大小，落入平底鍋中，煎至兩面都上色。

嚼食期

利用冷凍方式，妥善運用蛋白質來源食材

維生素・礦物質來源　蛋白質來源

善用南瓜與雞肉的鮮美，可以呈現出溫潤的風味

甜煮南瓜雞肉

1歲～

材料

冷凍南瓜（切塊）……30g
冷凍雞腿肉……15g
冷凍高湯……1/3杯

雞腿肉先去皮，再冷凍。

作法

所有材料放入鍋中，開小火。煮至高湯融化，食材皆被煮熟為止。取出雞腿肉，切成1cm塊狀，回鍋重新再稍微煮過。

熱量來源　維生素・礦物質來源　蛋白質來源

利用庫存食材俐落做出營養滿分的一道菜

菠菜牛絞肉炒飯

1歲3個月～

材料

冷凍牛絞肉……20g
冷凍菠菜……40g
冷凍白飯……80g
植物油……少許

作法

❶ 將牛絞肉、菠菜、白飯分別利用微波爐解凍。菠菜切成1cm長。
❷ 平底鍋中放入植物油，開中火，放入①，稍微拌炒。

維生素・礦物質來源　蛋白質來源

外觀看起來可愛，能用手抓來吃也很有趣！

吻仔魚南瓜茶巾

1歲3個月～

材料

冷凍吻仔魚……15g
冷凍南瓜……40g

吻仔魚乾應先去除鹽分後，再冷凍。

作法

❶ 將所有材料放入耐熱容器內，用保鮮膜包覆，放入微波爐加熱約1分30秒，攪拌均勻。
❷ 將①用叉子把南瓜壓至滑順狀，再用保鮮膜包裹扭緊。

培養孩子「想吃的情緒」手指食物食譜

咬食期後，寶寶會越來越想用手抓食物來吃。以下配合寶寶成長發展，分成3階段來解說。

用手抓食物來吃，是邁向獨立的第一步。讓孩子充分嘗試吧！

出生9個月後，寶寶會出現想要用自己的手去抓食物然後放到口中這樣的行為。會用手捏、抓取並且試著扔丟放在餐具上的食物，對大人來說會覺得這是不好好吃飯的行為，但是對寶寶來說，卻是用自己的雙手確認食物的重要學習時間。請多放入一些可以讓寶寶輕鬆用手抓來吃的菜單吧！

用手抓食物來吃的煩惱Q&A

Q 邊玩邊吃會搞得餐桌髒兮兮！

A 可以在地上鋪墊子等預防髒汙。

寶寶可以藉由壓碎食物、扔丟食物來認識軟硬度等觸感。可以在地上鋪墊子或是報紙等，清理起來會比較輕鬆。

Q 好像會變得亂七八糟…用手抓食物來吃這件事，究竟為何重要呢？

A 這是孩子成長發展過程中的必要行為。

會用手抓食物來吃，是想自己吃東西的證據。此外，能夠充分讓孩子用手抓食物吃，也會成為日後孩子能好好運用湯匙等餐具的基礎。

Q 不用手抓食物，也不想自己吃。

A 如果有做就鼓勵他，藉此來培養寶寶的幹勁。

培養寶寶想自己吃的慾望也是必要的。試著在寶寶比較餓的時間，給他一些容易用手抓來吃的餐點或是點心吧！如果寶寶用手抓了，就大大鼓勵他！

Q 用手抓了食物然後亂甩，完全沒有吃下去。

A 如果玩樂時間過長就收掉餐點。

媽媽如果一直在寶寶旁邊陪著邊玩邊吃，實在太辛苦了。為了讓寶寶肚子餓一點，可以試著取消用餐前的配方奶，如果10分鐘後還是不吃，就收掉餐點。

容易用手抓來吃的餐點烹調技巧

壓實成固狀

建議可以將食材混合在一起，輕輕壓成固狀後用手抓來吃。做出容易用手指捏取、能夠輕鬆壓碎的軟硬度。

搓揉成團狀

做成飯糰或是茶巾狀等圓團狀，寶寶也能輕鬆抓取、容易壓碎，所以很適合作為手指食物。

切成棒狀

將食材切成細長的棒狀，就可以讓寶寶用手輕鬆抓取，是最主要、可以輕鬆準備好的手指食物。

STEP 1

咬食期前半段為練習階段

最好是形狀明確，容易壓碎

咬食期前半段，寶寶會開始出現想自己吃東西的動作。在菜單中設計一些可以用手抓來吃的菜餚吧！此外，寶寶這時期還很難順利用手抓取，所以形狀必須很完整、軟硬度也能夠用牙齦磨碎。再者，最好是用手抓著食物時不會立即弄碎食物，但是卻可以輕鬆破壞、弄散的軟硬度。用手按壓、在桌上摩擦、掉到地上等，乍看之下好像是延長了寶寶的遊戲時間，但這正是可以讓寶寶感受到食物觸感與溫度的時期。請設定15～20分鐘的時間，讓寶寶充分享受吧！

熱量來源　維生素・礦物質來源　蛋白質來源

將麵包布丁切成棒狀

胡蘿蔔麵包布丁

9個月～

材料

- 吐司……25g
- 蛋液……1/2顆
- 胡蘿蔔汁……2大匙

作法

❶ 於耐熱容器內放入蛋液、胡蘿蔔汁，混合均勻。
❷ 將吐司撕碎，浸泡至①。
❸ 吐司確實吸收蛋液後，用保鮮膜包覆，放入微波爐加熱約1分30秒。
❹ 待③稍微放涼後，切成棒狀。

熱量來源　維生素・礦物質來源

將白粥壓實成固狀，就是一道手指食物

5倍粥與胡蘿蔔煎餅

9個月～

材料

- 5倍粥（→P.42）……4大匙（60g）
- 胡蘿蔔……20g
- 麵粉……3大匙
- 植物油……少許

作法

❶ 將胡蘿蔔磨碎。
❷ ①中放入5倍粥與麵粉，混合均勻。
❸ 平底鍋中放入植物油，以中火加熱，將②以一口大小（約1.5cm）落入鍋中，煎至兩面都上色。

STEP 2
塊狀物可以吃得很順利

給寶寶可以壓碎、可以啃咬、有硬度的塊狀物

寶寶習慣用手抓食物吃、有一點啃咬能力後，可以試著再給寶寶稍微有些硬度的塊狀物。重點是，給寶寶的食物必需要壓碎才能吞嚥，或是呈現塊狀。

到了這個時期，寶寶依舊還不太能夠熟練地用手抓東西吃，因此大多會弄髒桌子或地板，但是訓練用手拿食物放進口中是必要的。透過練習運用手，也能夠幫助寶寶日後使用湯匙或叉子時更得心順手。這時期更要特別多讓寶寶用手抓食物來吃。

熱量來源　維生素・礦物質來源　蛋白質來源

將數種食材一起煎烤、營養滿分的餐點

什錦煎餅

11個月～

材料

高麗菜……30g
蛋液……1/2顆
麵粉……3大匙
植物油……少許

作法

❶ 高麗菜稍微煮過，切細碎。
❷ 碗中放入①、蛋液、麵粉，攪拌均勻。
❸ 平底鍋中放入植物油，以中火加熱，將②流入鍋中，煎至兩面都上色。切成1～2cm的塊狀。

熱量來源　維生素・礦物質來源　蛋白質來源

寶寶也很喜愛！

煎肉丸

9個月～

材料

牛豬混合絞肉……15g
胡蘿蔔……20g
麵包粉……1大匙
麵粉……1小匙
植物油……少許

作法

❶胡蘿蔔磨碎，加入麵包粉混合均勻。
❷待①的麵包粉混合均勻後，加入牛豬混合絞肉以及麵粉再次混合。
❸平底鍋中放入植物油，以中火加熱，將②揉成一口大小（約1.5cm）的團狀後，煎至上色。

STEP 3

到了嚼食期 可以提升軟硬度 與形狀的難易度

讓寶寶練習 用牙齒咬斷食材

進入嚼食期後，可以稍微升級手指食物的食材或是形狀。比方說，讓寶寶練習用手抓食物放到嘴巴，再用牙齒咬斷食物。建議給寶寶混合肉類與蔬菜的食物，或是無法一口下肚，必須分二~三口大小吃的食物。盡量給予寶寶壓實且容易分解的柔軟食材，這樣寶寶會更方便練習。這個時期最適合給寶寶吃飯糰，寶寶可以用手抓取後放入自己口中，又可以輕鬆壓碎食物。加上海苔時，為了讓牙齒方便切斷海苔，不要整塊包住飯糰，不妨先將海苔撕碎再撒在飯糰上。

熱量來源　維生素・礦物質來源

在一口大小的飯糰上，撒上海苔

圓滾滾小飯糰

1歲3個月~

材料

白飯	80g
鰹魚片	1g
烤海苔（全形）	1/5片

作法

❶ 將溫熱的白飯與鰹魚片混合，搓揉成一口的大小。

❷ 將已撕細碎的海苔撒在①上。

熱量來源　維生素・礦物質來源

酥炸馬鈴薯，非常適合作為手指食物

炸蔬菜棒

1歲~

材料

馬鈴薯	30g
胡蘿蔔	20g
彩椒	10g
植物油	適量

作法

❶ 馬鈴薯、胡蘿蔔、彩椒去除水氣後，切成棒狀。

❷ 鍋中放入植物油，加熱至180度，將①放入酥炸後，再用廚房紙巾吸取多餘油分。

活用市售嬰兒食品

就算沒空也可以輕鬆準備！

嬰兒食品的魅力在於樣式豐富、製作方便。以下介紹幾種市售嬰兒食品的種類與聰明的使用法。

配合成長或是用途，試著妥善利用吧！

市售嬰兒食品（BF）是指在日本經過厚生勞働省＊規定之標準所製作的市售副食品產品。製作目的在於配合嬰兒成長補充所需的營養，目前除了有穀類、蔬菜、水果，還有使用肝臟、白肉魚等各式各樣食材所製造出的產品。此外，市售產品中還分有各種製造方法，或是分為瓶裝、調理包等各種形式。可以藉由與自製餐點搭配組合等方式，依市售嬰兒食品的特徵或是使用目的妥善運用！

市售嬰兒食品與各種形式的使用方法

市售嬰兒食品主要可分為四種形式。
接下來，就讓我們分別了解它們的特徵吧！

冷凍乾燥式

淋上熱開水、恢復原狀即可使用！

冷凍乾燥式產品是將已烹調好的食材冷凍乾燥。特徵是無損食材的色香味。質量輕，只要淋上熱開水即可恢復原狀食用。

粉末式

搭配湯包或高湯等也很方便

將烹調過的食材乾燥後製成粉末狀或是薄片狀的產品。使用時只要與熱開水混合即可。可以與其他食材混合，在調味上做出變化、黏糊度等。

調理包式

從主食到點心都有，種類豐富

將容器打開後即可直接食用的調理包式嬰兒食品。加熱後食用會更美味。有些產品中只含有菜餚、有些含有主食，產品種類相當豐富。

瓶裝式

開瓶就能用的便利性深具魅力

將烹調過的食材密封在小玻璃瓶裡的副食品。優點是只要開瓶即可直接食用。不需另外裝盤，外出時也相當方便。

※註：日本厚生勞働省類似於台灣的衛生署和勞委會，掌管就業、醫療、衛生等。

在這些情況下，使用市售嬰兒食品很方便唷！

時間不足時，能夠立即使用的市售嬰兒食品往往能幫上大忙，還能輕鬆提升營養均衡度！

旅行或是出遠門時

市售嬰兒食品是將已經烹調過的副食品以真空方式包裝，所以相當衛生，開啟後即可立刻食用這點也很吸引人。已經附有瓶罐或是盤子的產品，不需要再移至其他餐具內，旅行或是出遠門時很方便。

縮短製作副食品時間的方法

市售嬰兒食品通常是已經把蔬菜或是肉類等做成糊狀的產品，可以省去過篩網等麻煩的準備工作。然而，由於味道與軟硬度大多很單一，可以與其他食材搭配在一起或是加在自製品裡。

利用BF縮
短煮粥的
時間！

忙碌或是疲累時

照顧開始吃副食品的寶寶相當辛苦。即使是經常下廚的人，難免也會遇到沒有時間或是身體不適的時候，因此可以先準備一些市售嬰兒食品備用。

想要多點變化時

思考副食品菜單其實很不簡單，往往容易流於制式化。市售嬰兒食品的種類豐富，建議可以做為菜色參考，或是與自制餐點組合搭配使用。

添加BF，
跳脫制式化

嘗試初次接觸的食材時

想讓寶寶吃沒吃過的食材時，可以先利用市售嬰兒食品，觀察一下黏糊或是滑順度等狀態，以作為自製時的參考。剛開始給寶寶吃副食品時，往往會有「這麼費工，寶寶卻不吃！」的壓力，但是改用市售嬰兒食品就不用煩惱了！

我們先試試
這個唷！

希望營養均衡時

製作副食品時，必須事先將大量食材分別處理好備用，實在非常辛苦，尤其營養均衡很重要……。在這種情況下，可以加入一款市售嬰兒食品，輕鬆添加所需的必要營養素。

營養
均衡
UP！

運用不同種類的市售嬰兒食品，搭配組合！

市售嬰兒食品活用食譜

搭配組合使用市售嬰兒食品所完成的輕鬆餐點。建議與較有口感的食材搭配組合。

壓食期

瓶裝式

熱量來源　維生素・礦物質來源　蛋白質來源

雞里肌肉與黃綠色蔬菜麵包粥

7個月～

材料

雞里肌肉與黃綠色蔬菜（Kewpie）……1瓶（70g）
吐司……15g

作法

❶ 吐司撕成小塊，淋上2大匙水，稍微靜置。移到耐熱容器內，用保鮮膜包覆，放入微波爐加熱約30秒，磨碎。

❷ ①中加入「雞里肌肉與黃綠色蔬菜」，混合均勻。

冷凍乾燥式

熱量來源　維生素・礦物質來源

南瓜番薯粥

7個月～

材料

白粥（Akachan舖）……1大匙稍多
南瓜……15g
番薯……20g

作法

❶ 南瓜去皮、去種籽，番薯去皮煮軟，磨粗末。

❷ ①中放入「白粥」與4大匙水，攪拌均勻。

❸ 將②放入耐熱容器內，用保鮮膜包覆，放入微波爐加熱約1分鐘。

吞食期

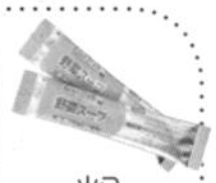

粉末式

熱量來源　維生素・礦物質來源　蛋白質來源

豆腐馬鈴薯蔬菜湯

材料

蔬菜湯（BeanStalk）……1袋（1.5g）
豆腐……20g
馬鈴薯……20g

作法

❶ 馬鈴薯切薄片。

❷ 鍋中放入「蔬菜湯」，並且加入150ml水溶解。

❸ 於②中加入已去除水氣的①，煮軟。加入豆腐，稍微煮過（湯汁取出備用），將馬鈴薯及豆腐磨碎，再用剛才濾出的湯汁稀釋。

調理包式

熱量來源　維生素・礦物質來源　蛋白質來源

吻仔魚玉米粥

材料

玉米粥（Kewpie）……1袋（80g）
吻仔魚……5g

作法

❶ 將吻仔魚乾浸置在熱開水裡約5分鐘，去除鹽分後磨碎。

❷ 將①摻入加熱過的「玉米粥」內。

嚼食期

調理包式

熱量來源　維生素・礦物質來源　蛋白質來源

蔬菜蛋花烏龍麵

1歲~

材料

蛋花烏龍麵（明治）……1袋（80g）

蔬菜（菠菜、小松菜等）……30g

作法

❶ 蔬菜煮軟，切碎末。

❷ 將①摻入加熱過的「蛋花烏龍麵」內。

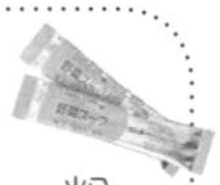

粉末式

熱量來源　維生素・礦物質來源　蛋白質來源

蔬菜肝棒

1歲~

材料

蔬菜肝臟混合粉（明治）……3g

馬鈴薯……20g

吐司……40g

作法

❶ 馬鈴薯煮軟，磨碎至滑順狀。

❷ 如包裝標示，將「蔬菜肝臟混合粉」以熱開水溶解後，與①混合。

❸ 將②盛到容器內，加入吐司。

咬食期

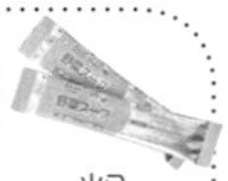

粉末式

熱量來源　維生素・礦物質來源　蛋白質來源

菠菜豆漿水蒸麵包

9個月~

材料

微波爐食品之水蒸饅頭（和光堂）……1袋（20g）

菠菜（水煮後切成碎末）……20g

豆漿……1大匙

作法

將所有材料放入耐熱容器內，混合均勻。覆蓋上蓬鬆的保鮮膜後，放入微波爐加熱約50秒。

瓶裝式

熱量來源　維生素・礦物質來源　蛋白質來源

焗烤起司軟飯

11個月~

材料

焗烤起司（Kewpie）……1瓶（100g）

軟飯（→P.42）……50g

作法

將「焗烤起司」淋在軟飯上，用麵包用小烤箱烤至輕微上色，烘烤約5分鐘。

副食品的調味清淡，可以組合搭配至各式各樣的餐點之中。只要稍微用點技巧，就可以華麗變身為成人的餐點！

吞食期的 成人專屬組合菜單

吞食期黏糊狀的餐點與醬料、沙拉醬根本是絕配！

蘆筍白肉魚
配馬鈴薯
起司總匯
&
配料豐富
的沙拉
佐彩椒柳橙泥

彩椒柳橙泥
…P.63

可以成為沙拉醬

蘆筍白肉魚配馬鈴薯起司總匯

材料（2人份）

白肉魚馬鈴薯泥 ……（白肉魚25g／馬鈴薯100g）

鹽	適量
綠蘆筍	3根
白飯	400g
披薩用起司	40g

作法

❶ 蘆筍先切除一些根部，稍微煮過後，再切成容易食用的大小。

❷ 在「白肉魚與馬鈴薯泥」上撒鹽做調味。

❸ 白飯盛至烤盤，蓋上①及②，撒上披薩用起司，用麵包用小烤箱烤至上色，約15分鐘。

配料豐富的沙拉佐彩椒柳橙泥

材料（2人份）

彩椒柳橙泥 ……（彩椒20g／柳橙汁2小匙）

萵苣	2片	橄欖油	1又1/2大匙
醋	2小匙		
小番茄	6顆	火腿	2片
小黃瓜	1/2根	鹽・胡椒	各適量

作法

❶ 萵苣浸泡冷水，去除水氣後撕成入口食用的大小，盛至餐具內。

❷ 小番茄去蒂頭，對切。小黃瓜、火腿切成容易入口的大小。將兩者混合後盛至①。

❸ 碗中放入「彩椒柳橙泥」、醋、橄欖油、鹽、胡椒，用打蛋器混合均勻，淋在②上。

壓食期的
成人專屬組合菜單

使用高湯的餐點，加點其他食材，就可以快速變身為成人的餐點。淋上醬汁的餐點，看起來非常高雅呢！

鮪魚洋蔥湯
…P.87
可以成為蛋花的食材

豆腐羹湯
…P.108
加上番茄

鮪魚洋蔥
滑蛋蓋飯
&
豆腐佐
番茄醬汁

鮪魚洋蔥滑蛋蓋飯

材料（2人份）

鮪魚洋蔥湯
……（鮪魚60g／洋蔥80g／高湯250ml）

雞蛋	2顆
醬油	1又1/2大匙
砂糖	1大匙稍少
白飯	2碗
蘿蔔嬰	適量

作法

❶ 鍋中放入「鮪魚洋蔥湯」開中火。
❷ ①煮沸後，去掉浮沫，加入醬油與砂糖。
❸ 將攪打好的雞蛋以繞圓圈的方式倒入②，做出鬆軟的半熟蛋後，淋在已經盛好白飯的容器內。蘿蔔嬰切除根部，依喜好撒在蓋飯上。

豆腐佐番茄醬汁

材料（2人份）

豆腐羹湯
……（木棉豆腐300g／高湯150ml／日本太白粉水適量）

醬油	1小匙
鹽	少許
番茄	中型1/2顆

作法

❶ 番茄泡熱水去外皮，切粗末（種籽若較多，應先去除）。
❷ 於耐熱容器內先放入「豆腐羹湯」中的豆腐，覆蓋上蓬鬆的保鮮膜後，利用微波爐加熱約3分鐘。
❸ 鍋中放入「豆腐羹湯」的羹湯、醬油、鹽、番茄後稍微加熱。
❹ 將②盛至容器，淋上③。

「打蛋花」是一個有助於將副食品輕鬆變為成人餐的小技巧。鮪魚的鮮味與洋蔥的甜味能夠滲入雞蛋內，同時在味覺、分量上獲得滿足。

咬食期能夠使用的食材或是調味料都增加了。組合搭配起來也更容易。與成人餐混合後，分量及營養成分都會提升！

煮馬鈴薯牛絞肉
…P.53

可以成為蛋包飯的食材

煮鮭魚白菜
…P.67

可以成為建長汁的食材

馬鈴薯配牛絞肉和風蛋包飯
&
白菜鮭魚建長汁

馬鈴薯配牛絞肉和風蛋包飯

材料（2人份）

煮馬鈴薯牛絞肉……（馬鈴薯65g／牛絞肉15g）
蔬菜（韭菜、小松菜等）適量
雞蛋……2顆
鹽・胡椒……各適量
植物油……1小匙

作法

❶ 碗中放入雞蛋、打散。
❷ 於①中放入切碎的蔬菜，以及去除水氣後的「煮馬鈴薯牛絞肉」，攪拌均勻，加入鹽、胡椒調味。
❸ 平底鍋中放入植物油，以中火加熱，倒入②，煎成蛋包狀。

白菜鮭魚建長汁

材料（2人份）

煮鮭魚白菜……（鮭魚45g／白菜60g）
高湯……300ml
醬油……1小匙
鹽……適量
木棉豆腐……100g

作法

❶ 鍋中放入「煮鮭魚白菜」、高湯，開中火。
❷ ①煮沸後，加入醬油及鹽調味。
❸ 於②中加入木棉豆腐，用木匙輕輕弄碎。煮2分鐘至豆腐熟透。

含有許多食材的甜煮料理，非常適合用於作為蛋包飯的食材。只要加入高湯，湯品就會變得更鮮美。

鱈魚
青江菜之
中式湯
&
什錦炒苦瓜

鱈魚煮青江菜
…P.90
可以成為湯頭的食材

芝麻油炒豆腐鰹魚
…P.110
可以成為什錦炒苦瓜的食材

鱈魚青江菜湯

材料（2人份）

鱈魚煮青江菜
………（鱈魚45g／青江菜60g／高湯90ml）
雞湯粉……1小匙
鹽……適量
芝麻油……1/2小匙
胡椒……適量

作法

❶ 鍋中放入「鱈魚煮青江菜」、1又1/2杯水（300ml）、雞湯粉後開中火。

❷ ①煮沸後加入鹽調味。盛至容器內，加入芝麻油增加香氣，再撒上胡椒。

什錦炒苦瓜

材料（2人份）

芝麻油炒豆腐鰹魚
‥（木棉豆腐300g／鰹魚片2g／芝麻油適量）
苦瓜……中型1/2根
芝麻油……1小匙
醬油……2小匙

作法

❶ 苦瓜縱向對切，去除種籽及蒂頭，切成2～3mm薄片。

❷ 平底鍋中放入芝麻油，開稍強的中火加熱，拌炒①。

❸ 待②幾乎都熟了後，加入「芝麻油炒豆腐鰹魚」繼續拌炒，加入胡椒調味。

帶有鰹魚風味的炒豆腐，加入苦瓜就成了「什錦炒苦瓜」是一道完全不會浪費豆腐的創意料理。

嚼食期的
成人專屬組合菜單

嚼食期組合搭配的關鍵字就是「增加分量」。可以再多加一分副食品餐點的食材，或是在成人餐點中加入副食品！

煎烤鯖魚佐秋葵
…P.93

可以成為散壽司的食材

雞蛋燴小黃瓜
…P.103

添加火腿

烤鯖魚與秋葵散壽司
&
小黃瓜火腿蛋沙拉

烤鯖魚與秋葵散壽司

材料（2人份）

煎烤鯖魚佐秋葵
……………（鯖魚60g／秋葵4條）

白飯……………1碗

壽司醋（醋…1又1/2大匙、砂糖1/2大匙、鹽…1/5小匙）……………2大匙

白芝麻……………2小匙

作法

❶ 將壽司醋混入熱呼呼的白飯後，平鋪在盤子上，使其冷卻。

❷ 將「煎烤鯖魚佐秋葵」中的煎烤鯖魚去皮及魚刺後壓碎，秋葵切成容易食用的大小。

❸ 將①混入②攪拌均勻。盛至容器後，撒上白芝麻。

小黃瓜火腿蛋沙拉

材料（2人份）

雞蛋燴小黃瓜
……（水煮蛋2顆／小黃瓜1／3根）

火腿……………2片

小番茄……………3～4顆

美乃滋……………1又1/2大匙

作法

❶ 火腿切成容易食用的大小。

❷ 將「雞蛋燴小黃瓜」中的水煮蛋壓粗碎。小黃瓜切輪狀、小番茄對切，與①混合，加入美乃滋攪拌均勻。

用火腿增加沙拉分量。煎烤鯖魚可以成為散壽司的食材。鯖魚煎烤到一定硬度後很適合成人食用，只要與孩子食用的部分分開就好，非常簡單！

迷你漢堡肉
煮青花菜
佐番茄
&
南瓜配
德國香腸
起司燒

迷你漢堡肉
…P.82
增加醬料

起司粉焗烤南瓜
…P.73
加上德國香腸

迷你漢堡肉煮青花菜佐番茄

材料（2人份）

迷你漢堡肉
……（牛豬混合絞肉50g／胡蘿蔔50g／麵包粉1大匙）
牛豬混合絞肉……100g
蛋液……1/3顆
水煮番茄罐頭（碎切）……1/2罐
鹽・胡椒……各適量
橄欖油……1/2大匙
花椰菜……1/4顆

作法

❶ 在「迷你漢堡肉」原材料中多加入牛豬混合絞肉、蛋液、鹽、胡椒，充分攪拌均勻，捏成較大的圓球狀。
❷ 花椰菜切成小朵。
❸ 平底鍋中放入橄欖油，開中火加熱，擺入①。兩面煎烤，加入水煮番茄，蓋上鍋蓋，關小火煮約5分鐘。
❹ 將花椰菜加入②，煮約3分鐘，再加入鹽、胡椒調味。

南瓜配德國香腸起司燒

材料（2人份）

起司粉焗烤南瓜
……（南瓜200g／起司粉1大匙）
德國香腸……4根

作法

將德國香腸切成容易入口的大小香腸與「起司粉焗烤南瓜」一同放於耐熱容器內，用麵包用小烤箱加熱約8分鐘。

以原本為了寶寶所製作、含有豐富蔬菜的漢堡肉為基底，成人用的餐點只要再多加入一些絞肉即可。起司焗烤則可以利用德國香腸來增加分量。

確實掌握「補充食品」的真正涵義 與「點心」的搭配方法

對副食品時期的寶寶而言，點心的目的是「補充營養」。給予的分量、次數、內容都必須特別注意。

1歲過後利用點心與正餐，調節均衡的營養

1歲過後，成長所需的營養素與熱量也會增加。然而，寶寶的胃容量較小，消化吸收能力也尚未成熟。因此，給寶寶吃「點心」的目的在於為了補充3次正餐所不足的營養素。也就是說，副食品期間給寶寶吃點心最主要的意義在於「補充營養素與熱量」。應避免給寶寶吃過量的點心而導致寶寶不願意食用正餐，也要避免給予糖分或油脂過多的點心。

關於點心的煩惱Q&A

Q 哪些點心比較好？市售的點心OK嗎？

A 市售點心，應選擇幼兒專用食品。

推薦給寶寶吃飯糰等穀類或是根莖類不易造成蛀牙的蔬菜或是水果等，也可以給寶寶啃咬練習專用的嬰兒食品點心。若要給予市售產品，應選擇幼兒專用的點心或是糖分、脂質、添加物較少的產品。

Q 自製寶寶專用點心的重點是？

A 控制鹽分、砂糖、油脂等。

自製點心時，應盡量運用食材的原味、注意清淡調味。單純的蒸芋頭等就相當適合作為點心。此外，要避免大量使用砂糖或是鮮奶油、奶油等。

Q 給予點心時，特別要注意的是？

A 嚴守固定時間、適量原則。

固定時間與分量，不要拖泥帶水地給予。除了會影響正餐，口中持續處於酸性狀態也容易造成蛀牙。可以讓寶寶吃完點心後，養成喝水或是麥茶的習慣，以補充水分並潔淨口腔。

Q 何時開始給寶寶吃專用點心比較恰當？

A 1歲過後即可以給予點心。

1歲前基本上沒有給予點心的必要性。雖然有些市售點心包裝上會寫「6個月開始OK」，但如果是補充寶寶營養的點心，通常比較適合1歲過後再食用。

Q 給予點心的時機是？何時給予比較恰當？

A 建議在兩餐之間，一天1～2次。

總歸而言，點心還是一種「補充食品」，在不影響下一餐的前提下，一天給寶寶吃1～2次。如果因為寶寶想吃，就給寶寶吃很多次，將會造成寶寶不吃正餐，甚至成為引發蛀牙或肥胖的主因。

Q 每天大約要給多少點心呢？

A 依寶寶性別不同，分量也不一樣。

為了營養均衡，點心也必須嚴守建議量。雖然依個人情況會有不同，但是1～2歲的男寶寶一天適當的分量約為140kcal，女寶寶約為135kcal。此外，也必須依當天的用餐分量做一些調整。

嚼食期的點心建議量

在此介紹一天給予2次點心的建議分量。依同時給予的飲料量，也必須調整點心的分量。

一天給予2次的範例

男寶寶（一天：140kcal）

第1次

麥茶（0kcal）＋小餅乾（Bisco）1.4片=28kcal

第2次

鮮奶100ml（69kcal）＋香蕉1/2根（50g/43kcal）=112kcal

女寶寶（一天：135kcal）

第1次

麥茶（0kcal）＋小餅乾（Bisco）1.2片=23kcal

第2次

鮮奶100ml（69kcal）＋香蕉1/2根（50g/43kcal）=112kcal

市售嬰兒食品──點心類的單次建議分量

※照片為女寶寶單次的點心建議分量（68kcal）。

嬰兒米餅
1包2片（12kcal）

男寶寶 6.3包　女寶寶 5.9包

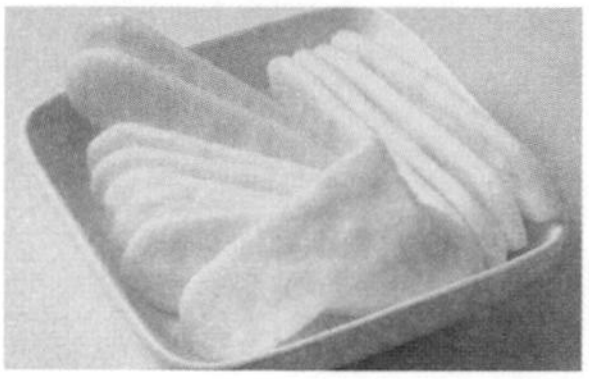

精米製作、好消化的市售米餅。有些產品標榜可補充鈣質及鐵質。

雞蛋小饅頭
1包10g（39.1kcal）

男寶寶 19g　女寶寶 17g

在麵粉中加入雞蛋、砂糖等的烤點心。會在口中融化，非常容易食用。

栗南瓜番薯餅乾
1包25g（126kcal）

男寶寶 3/5包　女寶寶 1/2包

加入南瓜與番薯一起烤成的餅乾。可補充鈣質。

蒸麵包
1個（99kcal）

男寶寶 0.8個　女寶寶 0.7個

將鮮奶與水倒入附屬的杯子後，以微波爐加熱即可。

針對嚼食期的寶寶

超簡單自製點心食譜

在此介紹一些能夠輕鬆快速完成、充滿心意的自製小點心。

維生素・礦物質來源　蛋白質來源

藉由黃綠色蔬菜補充維生素！

南瓜布丁

材料

南瓜……20g
蛋液……1/3顆
水……1大匙

作法

❶ 南瓜去皮及種籽，用保鮮膜包覆。放入微波爐加熱約1分鐘，磨碎至滑順狀。

❷ 將①放入碗中，加入蛋液及水混合均勻後，移至耐熱容器，再蓋上鋁箔紙。

❸ 將②放入有蒸氣上升、可蒸煮的器具內，小火蒸煮至熟透約5分鐘（也可以放在加水的平底鍋中，蓋上蓋子，小火蒸煮約5分鐘）。

維生素・礦物質來源

材料僅有蘋果，非常簡單！

水煮蘋果

材料

蘋果……120 g

作法

蘋果切成塊狀。鍋中加入可以蓋過蘋果的水量，煮至蘋果變軟（毫不費力用竹籤插入即可）。

維生素・礦物質來源　蛋白質來源

香甜的鮮奶加上柳橙的酸味

鮮奶寒天凍佐柳橙果醬

材料

寒天粉……1g
水……80ml
砂糖……1小匙稍少
鮮奶……50ml（1/4杯）
柳橙汁……50ml（1/4杯）
日本太白粉水（日本太白粉：水=1：2）……少許

作法

❶ 鍋中放入水及寒天粉充分混合均勻後，開小火。

❷ 待①煮沸後，攪拌均勻，再加熱約1分鐘，放入砂糖與鮮奶。倒入容器內，使其凝固（放常溫或是冰箱都OK）。

❸ 鍋中放入柳橙汁，開中火。煮沸後加入日本太白粉水，作出勾芡。

❹ 取出1/3～1/2的②，切成容易食用的大小後，淋上③。

熱量來源　蛋白質來源

可用手抓取、容易食用

自製雞蛋小饅頭

材料（3份）

蛋黃……1顆
砂糖……1大匙
日本太白粉……6大匙

夏天靜置生麵團時應放入冰箱。

作法

❶ 碗中放入蛋黃及砂糖，攪拌至出現黏稠狀後，再加入日本太白粉混合均勻。

❷ 將①用保鮮膜包覆，常溫下靜置約30分鐘。

❸ 將②揉成容易食用的小圓球狀，排列在已鋪好烘焙紙的烤盤上，放入預熱200度的烤箱，烘烤約5分鐘。

熱量來源　維生素・礦物質來源　蛋白質來源

運用食材本身甜味來做出溫潤口感

甜番薯泥

材料（3份）

番薯……100g
蛋液……1/3顆
砂糖……1小匙
鮮奶……1大匙

作法

❶ 番薯去皮、煮軟，壓碎成滑順狀。

❷ ①中放入蛋液、砂糖、鮮奶攪拌均勻，分成3等分，分別放入耐熱容器內。

❸ 將②放入預熱180度的烤箱，烘烤約8分鐘（也可以用吐司小烤箱烘烤約8分鐘）。

熱量來源　蛋白質來源

利用鬆餅粉即可立刻完成！

寶寶餅乾

材料（12份）

鬆餅粉……150g
雞蛋……1顆
砂糖……2～3大匙
橄欖油……1大匙

作法

❶ 碗中放入所有材料後混合均勻，桿平後用模型壓出形狀。

❷ 將①排列在已鋪好烘焙紙的烤盤上，放入預熱180度的烤箱，烘烤約10分鐘。

帶著寶寶外出，往往最擔心用餐。在此介紹出門在外也能輕鬆、安心餵食的食譜。

吞食期

吞食期需要從副食品攝取到的營養素較少，只要以主食為主，準備一些寶寶喜歡且吃得習慣的食物即可。

熱量來源　維生素・礦物質來源　蛋白質來源

黏糊度與蘋果的酸味能提升食慾！

番薯、蘋果、豆腐泥

材料

番薯	20g
蘋果	5g
豆腐	20g

作法

❶ 番薯及蘋果去皮、煮軟（湯汁取出備用）。

❷ 豆腐用熱開水稍微煮過。

❸ 將①及②磨碎至滑順狀後，混合均勻，用剛才的湯汁調整成容易入口的軟硬度。

熱量來源　維生素・礦物質來源　蛋白質來源

甜南瓜再加上黃豆粉的風味

黃豆粉南瓜粥

材料

南瓜	10g
十倍粥（→P.42）	2大匙（30g）
黃豆粉	1/2小匙

作法

❶ 南瓜去皮及種籽，用保鮮膜包覆，以微波爐加熱約20秒後磨碎。

❷ 將10倍粥加入①，再次磨碎至滑順狀，加入黃豆粉混合均勻。

外出用餐的注意重點

出門在外時寶寶的用餐問題。親子都能夠從容、更加享受外出用餐樂趣的重點是？

外出時也要考量用餐時間與餵食方法

外出用餐是讓親子雙方轉換心情、感到開心的一件事。然而，在外用餐最困難的是用餐的時間點及餵食方法。比方說，因為熱衷玩樂而一直沒有辦法用餐，或是相反的，寶寶肚子餓了卻沒有辦法立刻將餐點準備好……。外出時，一定要先決定好用餐時間，並且準備一些寶寶在外也能夠方便食用的餐點。

壓食期

壓食期之後，必須注意外食的餐點營養是否均衡。蛋白質加上蔬菜，含有豐富食材的麵類或是粥品都相當方便。

熱量來源　維生素・礦物質來源　蛋白質來源

豆漿的溫順口感，寶寶也很喜歡

蔬菜豆漿粥

8個月～

材料

蔬菜菜葉（菠菜、小松菜等）……20g
五倍粥（→P.42）……5大匙稍多（80g）
豆漿……3大匙

作法

❶ 蔬菜煮軟，去除水氣後，切碎末。
❷ 將①與5倍粥、豆漿混合均勻，以微波爐加熱約30秒。

熱量來源　維生素・礦物質來源　蛋白質來源

柳橙配優格相當清爽、容易食用

柳橙優格麵包粥

7個月～

材料

吐司……15g
柳橙……5g
原味優格……50g

作法

❶ 吐司撕成小塊，加入2大匙水後靜置一下。移至耐熱容器，用保鮮膜包覆，以微波爐加熱約30秒，磨粗末。
❷ 柳橙取出果肉，切細碎。
❸ 將①、②，以及優格混合均勻。

選擇容易攜帶的餐點與容器

外出用餐時，應準備一些寶寶容易食用的餐點，例如：雜燴粥、炒飯等營養滿分的餐點，這類單品在烹調與餵食上也都會比較輕鬆。咬食期後，還可以再加入一些手指食物。出門在外也方便食用、輕鬆整理。

此外，外出時應選擇衛生且不易溢漏、容易餵食的容器。白粥等水氣較多的餐點，建議選擇能確實緊閉蓋子的容器。然而，如果趁熱關蓋，熱氣一旦冷卻就會變成水滴，滋生細菌。白飯或是菜餚應先放置冷卻後，再蓋上容器蓋子。

咬食期

邊吃邊玩的情形變多，對食物的好惡也增加了。
可以在調味方面增加變化，或是準備一些「手指食物」等容易食用的餐點。

熱量來源　維生素・礦物質來源　蛋白質來源

方便用手抓取，非常適合外出用餐

法式吐司配水果

11個月～

材料

蛋液……1/4顆
鮮奶……2大匙
吐司……35g
奶油……少許
水果（草莓等）……10g

作法

❶ 碗中放入蛋液及鮮奶，混合均勻。
❷ 吐司切成容易食用的大小，浸泡在①中約5分鐘。
❸ 待平底鍋內奶油融化後，放入②開中小火，煎至兩面都上色。放上水果點綴。

熱量來源　維生素・礦物質來源

鰹魚片的香氣是孩子非常喜愛的味道

鰹魚風味之高麗菜炒烏龍

9個月～

材料

高麗菜……20g
冷凍熟烏龍麵……60g
鰹魚片……2搓
植物油……少許

作法

❶ 高麗菜煮軟，切成1～2cm細絲。
❷ 烏龍麵切成1～2cm長度。
❸ 平底鍋中放入植物油，以中火加熱，將①與②拌炒約1分鐘。加入1大匙水，炒至沒有水分後，加入鰹魚片混合。

外出用餐時的好用小物

這次要從必需品一路介紹到創意小物，外出用餐時，如果有這些小物會很方便唷！

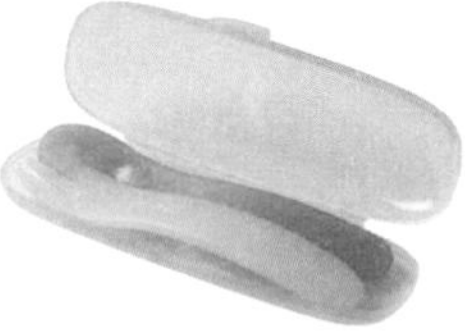

副食品專用湯匙

必備一隻隨時可餵食副食品的專用湯匙。如果附有攜帶盒，就算餐後弄髒了也可以直接放入，相當方便。

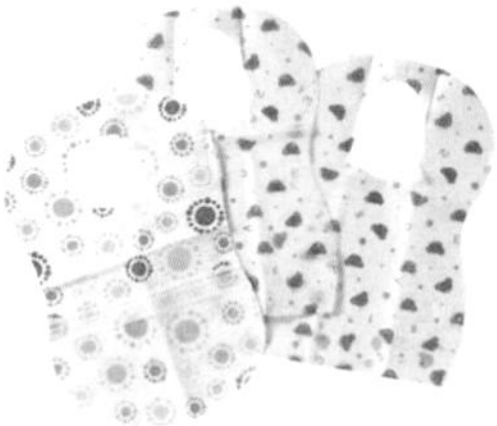

拋棄式圍兜

寶寶用餐時必備的圍兜。外出時使用拋棄式的圍兜比較方便。具有防水性，即使潑到茶水等也都很安心。

副食品專用便當盒

即使隨身攜帶，湯汁也不太會溢漏。有些更完善的商品還可以收納湯匙或是保冷劑。

嚼食期

活動力更強，外出時往往專注於玩樂。
最適合能快速做好、可立即食用、用手抓來吃的菜單！

熱量來源　維生素‧礦物質來源　蛋白質來源

容易攜帶的蒸麵包，最適合帶出門享用！

香蕉蒸麵包

1歲3個月～

材料（1份）

- 香蕉……40g
- 鬆餅粉……4大匙
- 蛋液……1/4顆
- 鮮奶……2大匙

作法

用竹籤插入食材中間，如果沒有沾黏，即表示完成。也可以用微波爐加熱約1分30秒。。

用竹籤插入食材中間，如果沒有沾黏，即表示完成。也可以用微波爐加熱約1分30秒。

熱量來源　維生素‧礦物質來源　蛋白質來源

含有大量食材、容易食用的烤飯糰

豬絞肉與小松菜烤飯糰

1歲～

材料

- 小松菜……30g
- 豬絞肉……15g
- 軟飯（→P.42）……70g
- 麵粉……2大匙
- 植物油……少許

作法

❶ 小松菜煮軟，去除水氣後切成5mm寬。

❷ 將豬絞肉放入耐熱容器，以微波爐加熱約15秒後壓散。

❸ 將①、②、軟飯、麵粉混合均勻。

❹ 平底鍋中放入植物油，開中小火加熱，將③攤平成薄片狀，兩面煎烤約3分鐘至上色，切成容易食用的大小。

保溫罐

擁有一個保溫罐，出門在外也可以享受到冰冰涼涼，或是熱騰騰的餐點。也有適用於冷凍或是微波爐的產品。

麵食切割器

副食品專用剪刀，可以將烏龍麵等在容器內切成喜好的長度。非常好剪，連義大利麵也可以快速剪斷。

調理包專用固定器

可以讓調理包式副食品直立、固定，所以用餐時不需要將內容物另外移到容器內！只需摺疊即可隨身攜帶。

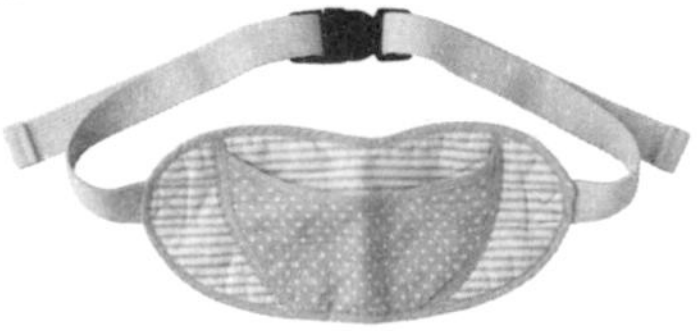

座椅安全帶

可以幫助寶寶一個人坐在成人椅子上的輔助安全帶。也可以繫在成人的腰部使用。

副食品時期使用調味料&油脂的方法

「調味料」與「油脂」是成人餐點中不可或缺的，但在副食品時期，為了寶寶的健康，給予時必須多加注意。

○ 可以從壓食期開始，極少量使用！

× 1歲過後才能給予

調味料的使用方法

壓食期之前
不使用調味料也OK

調味料含有大量鹽分或食品添加物，應盡量避免。在烹調方面多費點心思，多運用食物原味。基本上，在吞食期不需要使用調味料。壓食期以後也不需要為了菜色的多樣性而特意調味。調味的原則是一小搓、極少量。即使是1歲過後，建議仍要將成人的調味量稀釋2～3倍。有些食材其實已經含有鹽分，要注意稀釋。砂糖（上白糖）消化快速，也可以成為熱量來源，只是當寶寶習慣比較重的甜味後，就不太會喜歡自然的風味，必須特別注意。

美乃滋與酒精類務必要先加熱

美乃滋含有生蛋黃，1歲前必須要加熱後才能給寶寶吃。使用料理專用米酒或是味醂時，務必要先加熱，讓酒精揮發後再使用。

蜂蜜與黑糖應於1歲過後再給寶寶吃

蜂蜜與黑糖中，含有恐會造成食物中毒的肉毒桿菌。未滿1歲的幼兒抵抗力較差，應於1歲過後再給予。

油脂的使用方法

油脂也是成長的必要營養素。
注意不要過度給予

沙拉油、芝麻油、奶油等脂質與碳水化合物、蛋白質共稱為三大營養素，是人體成長所不可或缺的東西，然而，為了不要造成寶寶內臟的負擔，請注意適量使用。此外，脂質能幫助吸收脂溶性維生素，所以胡蘿蔔、彩椒等黃綠色蔬菜與油脂一起烹調會更適合。使用油脂時應盡可能先了解內含成分。與沙拉油相比，比較推薦使用橄欖油或是奶油，不要使用含有反式脂肪的人造奶油。

○

× 人造奶油對寶寶而言是NG食物

○ △

若要加熱副食品，建議使用橄欖油

生食時則建議使用亞麻油或是紫蘇油

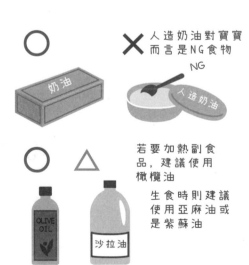

Part 4

消除對副食品的不安&煩惱！

理由雖然不盡相同，但是每個孩子都會遇到這些煩惱。
在此提出許多媽媽在給寶寶吃副食品的過程中所遇到的煩惱，
並整理出因應方法與解決方案。
也可以先了解下一階段、嬰幼兒食品的基本知識。

食物過敏

應該確實了解的知識

食物過敏可能會造成攸關性命的症狀。讓我們具備正確的知識，正視副食品的問題！

家長預先具備食物過敏相關知識

開始給寶寶吃副食品時，必須特別注意食物過敏的問題。一旦過敏，可能會出現皮膚變紅、腫脹，甚至還有可能出現呼吸困難的情形，因此往往會令許多媽媽感到不安！食物過敏是當食物進入口中，身體發現「這是不能夠進入身體的異物＝過敏物質」，於是想要將該物質逐出體內，因而啟動「免疫」作用。最容易出現症狀的是0歲到3歲的嬰幼兒。由於這個時期腸道等的消化吸收能力尚未成熟，還無法充分分解、消化、吸收蛋白質等營養成分，就容易被身體當成是異物。隨著消化吸收功能逐漸增強，學齡前的孩子大多會痊癒，不用過度擔心。我們也可以藉由正確的知識來因應食物過敏的問題。

逐漸地、少量地給予有致敏疑慮的食材，並且觀察寶寶的反應

過敏的原因是蛋白質，所有含蛋白質的食品都可能成為過敏原。其中，在嬰幼兒時期最容易致敏的食材就是雞蛋、鮮奶、小麥，併稱「三大過敏源」。除此之外，還有很多像是甲殼類、水果、堅果類等也是過敏原。這些都應該「個別少量」、「逐一」給寶寶吃。因為逐一給予才容易找出哪些食材是過敏原。

還有一個重點是，千萬不要自行判斷是否有食物過敏。隨意停止給孩子某種食材，往往容易造成營養素不足。此外，即使過敏症狀較輕，但是卻持續給予，也可能會導致嚴重的後果。若覺得「可能會過敏」，請向過敏科專業醫師＊諮詢！

何謂全身型過敏性反應（anaphylaxis）？

會急遽引發皮膚、消化系統、呼吸系統等多個位置出現過敏反應，例如：呼吸困難、血壓降低等攸關性命的症狀。一旦出現臉色鐵青、呼吸變淺而急促等急遽變化時，就要立刻就醫。在緊急處理方面，也有自行施打腎上腺素等方式，擔心者請向醫師諮詢。

＊所謂過敏科專業醫師，係指日本過敏學會所認定之專業醫師、指導醫師。

必須向專業醫師尋求正確的食物過敏診斷

要治療食物過敏必須透過過敏科專業醫師進行適當的診斷。經過一些檢查，鎖定過敏原，並且綜合性地判斷應避免的食物或是替代性飲食。基本診斷程序如下。

①問診、症狀觀察

根據家族過敏史、寶寶食物日誌&症狀等進行診斷。

②血液檢查

藉由血液檢查，測量抗體力價等。

③皮膚檢測

將有疑慮的食物萃取物貼於皮膚上，觀察反應。

④食物去除實驗

完全去除有疑慮的食物，調查症狀是否有改善。

⑤食物經口負荷測試

試著少量給予有疑慮的食物，觀察症狀是否會出現。

經過這些檢查後判定為過敏原的食物，必須從副食品中去除。

確定過敏原後，應給予已去除必要最低限度的食物

為了寶寶的健康，去除時僅應去掉必要最低限度的食物。比方說，如果過敏原是雞蛋，可能蛋白不行，但是全熟的蛋黃就可以。利用乳製品或是豆類取代雞蛋，補充蛋白質也很重要。與過敏科專業醫師或營養師諮詢後，再謹慎地給予寶寶副食品。

此外，0歲兒對食物過敏的情況最明顯。隨著消化吸收功能發達，大多能獲得改善，最好每半年~1年至醫院重新接受診斷。

會出現哪些症狀呢？（主要症狀與發症機率）

皮膚濕疹・搔癢・蕁麻疹（85%）

食物過敏症狀最多的即是蕁麻疹，會出現紅色疹子、搔癢難耐、皮膚紅腫等症狀。剛開始，症狀大多會出現在手部及臉部，之後才逐漸擴及到全身。

眼睛腫脹、搔癢（11%）

眼睛充血、眼瞼腫脹。也會出現搔癢症狀，所以寶寶可能會劇烈地揉眼睛。

嘴巴腫脹、搔癢（10%）

嘴唇與嘴巴周圍變紅、腫脹。舌頭刺痛，喉嚨深處也會有搔癢的不舒服感。

腹痛、腹瀉（8.3%）

在消化系統症狀方面會出現腹痛、腹瀉、噁心、嘔吐、血便等。腹痛或是胃食道逆流（火燒心）等外表看不出來，嬰幼兒即使感到不適，也無法用言語確實表達。如果餐後立即嘔吐、劇烈哭泣，就要懷疑是否為過敏。

氣喘・呼吸困難（5.6%）

呼吸有聲音，出現喉嚨好像被束緊般痛苦、咳嗽、呼吸困難等症狀。

流鼻水、打噴嚏（3.7%）

流鼻水、打噴嚏、鼻塞為主要症狀。餐後立即出現這些症狀時，必須特別注意。

※出處：「食物過敏診斷指南2012」（日本小兒過敏學會食物過敏委員會）

雞蛋

過敏原的代表性食材。原則上必須從煮熟的蛋黃開始給寶寶吃。

食物過敏的過敏原中，雞蛋是最常見的，原因出自於蛋白中所含有的蛋白質。雞蛋加熱後比較不容易產生致敏反應，所以剛開始給寶寶吃雞蛋時，僅可先給予一小匙的煮熟蛋黃。一邊觀察寶寶狀況，一邊逐漸增加給予量，等到8～9個月左右再開始給予蛋白。這時期，應給予加熱過的雞蛋，生蛋及半熟蛋並不安全，不應該於副食品期間給寶寶吃生蛋。

此外，在美乃滋、西點、魚漿煉製品、火腿、香腸、麵類等食材中也可能含有雞蛋的成分。購買市售產品時，應先確認原材料標示。

應注意的食材

- 美乃滋
- 西點（蛋糕、餅乾）
- 魚漿煉製品（魚板、竹輪）
- 肉類加工製品（火腿、香腸）等

如果出現了過敏反應…

烹調技巧

雞蛋的營養價值高，可以利用肉類、魚類、豆類來取代雞蛋的營養。如果是想使漢堡肉黏著成團，則可以用日本太白粉、麵粉、磨碎的鯛魚等來代替雞蛋。油炸物的麵衣也可以用水加日本太白粉取代。蛋糕方面可以利用小蘇打或是泡打粉製造出蓬鬆感。也可以選擇不使用雞蛋的美乃滋等針對過敏體質的市售產品。

可替代的食材

- 豆腐
- 納豆
- 乳製品
- 肉類
- 海鮮類

等

鮮奶・乳製品

使用過敏專用的產品，擴大可烹調的幅度

僅次於雞蛋，鮮奶亦擁有許多過敏原。鮮奶含有豐富的蛋白質（Alpha—S1—Casein），往往是引發過敏症狀的主要原因。此外，鮮奶內的鐵質含量較少，在嬰幼兒未滿1歲前，容易引發缺鐵性貧血。對於0歲兒，在烹調上最好僅給予少量。如果要作為飲料，應於1歲過後再行給予。

乳製品方面，由於往往含有鮮奶的蛋白質成分，剛開始給予時必須要注意奶油、起司、優格、液態鮮奶油等，也要注意含有鮮奶成分的麵包、西點、市售油糊等。

應注意的食材

- 乳製品（奶油、起司、優格、液態鮮奶油）
- 麵包
- 市售白醬 等

如果出現了過敏反應…

烹調技巧

烹調方面可以使用市售的過敏專用人造奶油或是油糊。西點方面建議使用椰漿或是豆漿。不使用鮮奶容易造成鈣質攝取不足，可以透過小魚、海藻、大豆製品、蔬菜等來補充。哺乳方面，市面上有過敏專用配方奶粉，請與醫師諮詢是否適合給寶寶飲用。

可替代的食材

- 豆腐
- 納豆
- 肉類
- 海藻
- 小魚乾
- 鹿尾菜
- 小松菜

等

小麥

改攝取米麵包等米製品，開始以米食為中心的飲食生活

小麥是繼雞蛋、鮮奶後第三常見的過敏原。必須注意的是，小麥與鮮奶一樣，加熱後其過敏原的性質仍然不變。麵粉可分為低筋麵粉、中筋麵粉、高筋麵粉、粗粒小麥粉等。經常存在於麵包、烏龍麵、通心粉、義大利細長麵、餛飩皮等孩子喜好的食物當中，建議於6個月過後再逐漸少量給予。市售的油糊、西點等當中通常也會含有小麥成分，剛開始給予時要注意產品標示。此外，醬油原料上雖然也會標示小麥成分，但是在釀造過程中，那些會成為過敏原的蛋白質已經被分解，所以用於烹調是沒問題的。

應注意的食材

- 麵包
- 烏龍麵
- 通心粉、義大利細長麵
- 市售油糊
- 西點（蛋糕、餅乾）

等

如果出現了過敏反應…

烹調技巧

以米食為主，也可以善用米麵包或是米麵線。麵類方面也可以使用冬粉或是炊粉。奶油燉菜或是咖哩用的油糊，可以改用米粉*或是日本太白粉等澱粉。油炸食物時可以利用澱粉與水混合後的混合物，或是以米麵包或磨碎的冬粉代替。也可以利用米粉、豆腐渣、糯米粉、木薯粉等做出美味的點心。

可替代的食材

- 白米
- 葛粉
- 日本太白粉
- 玉米粉

等

海鮮類・魚卵

蝦、蟹的過敏情形，於學齡期後會更嚴重

雞蛋、乳製品、小麥等過敏情形在孩子0歲時最為嚴重，症狀會隨著年齡逐漸減輕，相對於此，海鮮類、魚卵過敏則會增加。此外，蝦或蟹等甲殼類過敏往往會在學齡後發作，甚至持續到長大成人也不足為奇。給予海鮮類食材時，應先從脂肪較少的鯛魚或是比目魚等白肉魚開始。但是鱈魚是白肉魚中的例外，非常容易引發過敏，應避免給予。脂肪較多的青背魚應於副食品後期再給予。鹽分較高、大多為生食的鱈魚子、醬油漬鮭魚卵等魚卵類，以及可能會引發嚴重過敏症狀的甲殼類，不一定要在副食品期間給寶寶吃。

應注意的食材

- 甲殼類（蝦、蟹）
- 青背魚（鯖魚、竹筴魚、秋刀魚）
- 魚卵（醬油漬鮭魚卵、帶膜生筋子、鱈魚子）
- 貝類（蛤蜊、蜆）
- 魚漿製品（魚板、竹輪）等

如果出現了過敏反應…

烹調技巧

依魚種類找出可以食用的魚漿煉製品、高湯、罐頭時，即可多加利用這些可以食用的食材。特別是鮪魚水煮罐頭是比較不容易產生過敏的食材。如果完全不吃魚類，也可以運用香菇或是黑木耳等補充維生素D。紫蘇油或是荏胡油中所含有的n-3脂肪酸也具有能夠抑制過敏發炎症狀的效果，相當推薦使用。

可替代的食材

- 香菇
- 黑木耳

等

食物過敏

※註：原本我們所認知的條狀白色米粉，現已正名為「炊粉」。此處所稱米粉為用白米磨成的粉。

蔬菜・水果
作為副食品食用時要先加熱再給寶寶吃

蘋果、水蜜桃、奇異果、香蕉等添加在加工食品內時，都是建議要標示出來的食材。食用其他的水果或是蔬菜時，嘴唇、舌頭或是喉嚨也可能出現腫脹發癢、蕁麻疹、腹痛、腹瀉等情形。甚至引發全身型過敏性反應（→P.152）。加熱過後，比較不容易出現過敏情形。有些雖然不能夠生食，但是做成果醬或是糖漬水果時可能就沒問題，建議可以去大型醫院做較詳細的檢查。

烹調技巧

積極攝取非過敏原的水果或是蔬菜。給寶寶喝沒喝過的果汁時，也要先加熱再讓寶寶飲用。

應注意的食材

- 蘋果
- 水蜜桃
- 奇異果
- 香蕉
- 柳橙 等

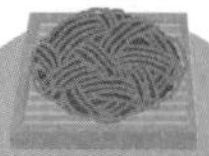

蕎麥麵
煮過蕎麥麵的鍋子也要注意

相較於其他食材，蕎麥麵的危險性更高，即使只有微量也可能引發全身型過敏性反應。湯汁或是飛散出的蕎麥麵粉也要注意，建議外食時不要到有販售蕎麥麵的店家，同時也要注意鍋子等烹調器具的清洗。加工食品上有標示的義務，在購買和菓子或是茶葉等時，別忘了要先確認。副食品時期並不一定要給寶寶吃蕎麥麵。

烹調技巧

麵類可以改用烏龍麵或是義大利麵。另也有販售使用稗或是小米等製作的雜糧麵，務必要先確認。

應注意的食材

- 和菓子（日式小饅頭）
- 韓國冷麵
- 鬆餅
- （蕎麥花的）蜂蜜 等

堅果類
有時會藏在甜點或調味料中

堅果這類食材在過敏時，很容易造成全身型過敏性反應等重症化。在加工食品上，有標示的義務。即使外觀看不出來，但是卻會隱藏在油糊或是調味料、和菓子等之中，必須非常注意。此外，必須注意胡桃、杏仁、榛果與花生（落花生）的蛋白質結構相同，也可能產生過敏的症狀。

烹調技巧

烹調時可以改用炸洋蔥片或是蒜片來調整濃淡，也可以用黃豆粉奶油來取代花生奶油。

應注意的食材

- 花生
- 腰果
- 巧克力（含核果）
- 胡桃 等

應有過敏警告標示之食材

日本法律規定，目前市售食品若含有容易引發食物過敏的原料或成分時，應予以標示。現已有7種原料或成分有標示義務（特定原料或成分），而建議應標示的則有20種（依特定原料或成分之標準）。不僅是針對已確定這些食材為過敏原之寶寶，購買相關食材給仍在吃副食品的寶寶時，都應先確認原料或成分標示。

有標示義務	建議應標示
雞蛋、鮮奶、小麥、蕎麥麵、落花生、蝦、蟹。	鮑魚、花枝、醬油漬鮭魚卵、柳橙、奇異果、牛肉、胡桃、鮭魚、鯖魚、大豆、雞肉、豬肉、松茸、水蜜桃、山藥、蘋果、明膠、香蕉、腰果、芝麻。

食物過敏 Q&A

養育孩子，希望不會過敏，如果孩子真的過敏了，該怎麼辦……在此回答家長最在意的食物過敏問題。

Q 過敏是遺傳嗎？

A 可以說遺傳因素的確較強。

如果父母有過敏體質，孩子也有很高的可能性會過敏，但是並非一定會出現過敏反應。如果父母本身對食物、花粉過敏或是有異位性皮膚炎等，最好事前獲取相關過敏知識。做好心理準備，即使孩子出現過敏症狀，也能沉著應對。

Q 花粉症與食物過敏有關嗎？

A 與水果、蔬菜過敏有關。

引發花粉症的過敏原——蛋白質結構，與水果蔬菜的過敏原一樣，因此患有花粉症的人或是孩子也很容易對水果、蔬菜過敏，並且會依種類不同而各異，例如：患有杉樹、扁柏花粉症者會對番茄過敏；患有豚草花粉症者會對瓜果類食物過敏；患有白樺、榿木花粉症者會對蘋果、水蜜桃、櫻桃、梨等過敏。

Q 過敏能夠預防嗎？

A 從改善居家環境開始吧！

雖然無法完全預防，但有一些建議方法可以讓症狀較為減輕。比方說，注意有煙味或是塵蟎等環境、盡量哺餵母乳、利用益生菌（優格或是乳酸菌飲料）、益菌生（Oligo-寡糖、纖維素等膳食纖維）增加腸道內好菌、加熱食材並少量給予等方式。試著從可以辦得到的範圍先著手。

Q 嘴巴周邊出現皮疹，那是過敏嗎？

A 口水也會造成寶寶肌膚出現皮疹。

寶寶嘴巴周邊出現皮疹大多是因為口水的關係。只要流口水，就用柔軟的布輕輕擦拭，再用嬰兒乳液等輕拍，讓肌膚保溼。如果這樣做還無法改善，就有過敏的可能性。但是請勿自行判斷，到醫院檢查，找出過敏原吧！

Q 發生過敏了！接下來該如何因應？

A 請勿自行判斷，先向醫院諮詢。

首先至醫院診斷確診後，找出過敏原，替換成已去除過敏原的副食品。雞蛋、鮮奶、大豆、水果應充分加熱後少量給予。

每半年~1年重新至醫院檢查，確認過敏反應是否有變化。

食材&各時期
食材選擇指南

不要急，逐漸增加分量與品項

終於要開始給寶寶吃副食品了。父母一定很希望可以給寶寶很多美味又營養的食物。然而，寶寶的腸胃道發育尚未成熟，必須從對消化系統負擔較輕的食材開始少量給予，再逐漸增加種類與分量。由於還要擔心食物過敏的問題，剛開始時應一天給予1種食材而且必須充分加熱。烹調時可以磨碎食材、做出黏糊感好讓寶寶更易於食用，讓我們與寶寶一起享受吃副食品的時光吧！

<記號說明>

- ○ 可以給予這個時期的寶寶食用。但是要注意給予的分量、形狀、大小。
- △ 雖然可以於這個時期食用，但是最好不要給太多。視寶寶狀況，少量給予。
- ✕ 這個時期還不太能夠食用、不適合食用。基本上不應該給予。

若不確定是否可以給寶寶食用，可先查詢這份食材指南！從可以放心的食材開始一點點地給予！

熱量來源（碳水化合物）

主食的碳水化合物是重要的熱量來源。
先從米粥、麵包粥、烏龍麵、馬鈴薯開始吧！

食材名稱	吞食期 5～6個月	壓食期 7～8個月	咬食期 9～11個月	嚼食期 1～1歲半	重點
白米	○	○	○	○	最初從10倍粥開始，逐漸減少水量。
年糕	✕	✕	✕	✕	可能會讓寶寶噎到，不建議於副食品時期給寶寶吃。
烏龍麵	△	○	○	○	煮軟後切碎再給予。
麵線	✕	○	○	○	鹽分較高，最好先預煮一次。
蕎麥麵	✕	✕	✕	✕	為了預防過敏，在副食品時期是NG的食材。
即食麵	✕	✕	✕	○	非油炸的即食麵可於煮軟後給予。
炊粉	✕	△	○	○	很有咬勁，應於煮軟後切碎。
冬粉	△	○	○	○	煮軟後切碎再放入湯品中，會比較易於食用。
吐司	○	○	○	○	6個月後OK。剛開始時可以先給予麵包粥。
麵包捲（圓麵包）	△	○	○	○	最初僅給予白色的部分，避免給予油脂較多的部分。
法國麵包	△	○	○	○	質地較硬，應以麵包粥形式給予。鹽分較高，要控制分量。
義大利細麵	✕	△	○	○	很有咬勁，應比烏龍麵更晚給予。
通心粉	✕	△	○	○	很有咬勁，應於煮軟、切碎後再給予。

食材名稱	吞食期 5～6個月	壓食期 7～8個月	咬食期 9～11個月	嚼食期 1～1歲半	重點
玉米片（原味）	×	○	○	○	可以將原味玉米片放在鮮奶等飲品內泡軟。
燕麥片	×	○	○	○	與鮮奶或是湯品一起煮軟後再給予。是很方便的食材。
鬆餅	×	×	○	○	不建議給予市售的鬆餅。盡量自己做吧！
馬鈴薯	○	○	○	○	磨碎後會比較容易食用。應去除芽眼後再進行烹調。
番薯	○	○	○	○	帶有甜味，很容易食用。應去皮後再給予，要注意會有纖維。
芋頭	×	○	○	○	會有接觸性皮膚炎的風險，應稍晚再給予。
山藥	×	○	○	○	應於加熱後再給予。注意碰到皮膚會產生搔癢感。

一點一點地增加食材與調味，讓副食品更有變化

從白米加10倍水做出的10倍粥開始，逐漸減少水量的比例。習慣後再交替給予麵包粥或是水煮烏龍麵。可以利用煮蔬菜的湯汁或是鮮奶、番茄醬等進行調味。副食品每天都要食用，可以一次先做好，再分裝冷凍會更方便。

蛋白質來源

魚、肉、雞蛋、乳製品、大豆為過敏原的可能性相當高，應注意給予的適當時期。食材充分加熱後，應分別極少量地一點一點給予，並觀察寶寶的樣子。

	食材名稱	吞食期 5～6個月	壓食期 7～8個月	咬食期 9～11個月	嚼食期 1～1歲半	重點
海鮮類	白肉魚（鯛魚、比目魚、鱈魚）	○	○	○	○	脂肪含量低，非常推薦使用。可於磨碎後與白粥或是高湯一起烹調。
	鱈魚	×	×	○	○	有過敏疑慮，應比其他白肉魚稍晚再給予。
	鮭魚	×	○	○	○	不能給予鹽漬鮭魚，應給予新鮮鮭魚。脂肪含量高，應稍晚再給予。
	紅肉魚（鮪魚、鰹魚）	×	○	○	○	生魚片NG。應加熱後仔細弄軟，與白粥或是高湯一起烹調。
	青背魚（竹筴魚、沙丁魚、秋刀魚）	×	×	○	○	富含DHA與EPA，但是脂肪含量較高，應從咬食期再開始給予。
	鯖魚	×	×	△	○	會造成嚴重過敏，應使用新鮮的鯖魚，並充分加熱。
	青魽	×	×	○	○	脂肪含量較高，應先充分烹煮，去除脂肪後再使用。
	牡蠣	×	×	○	○	充分加熱後切碎，會比較容易食用。營養豐富，非常推薦使用。

蛋白質來源

	食材名稱	吞食期 5～6個月	壓食期 7～8個月	咬食期 9～11個月	嚼食期 1～1歲半	重點
海鮮類	帆立貝	×	△	○	○	仔細切碎會比較容易食用。也可以當作湯頭使用。
	蛤蠣・蜆	×	△	○	○	可以從咬食期開始切碎後食用。壓食期時可作成高湯。
	蝦	×	×	×	△	有過敏的疑慮，應稍晚再給予。磨碎後比較容易食用。
	蟹	×	×	×	△	有過敏的疑慮，應稍晚再給予。
	烏賊	×	×	△	○	有咬勁，較不易食用，可以做成魚絞肉後再使用。
	章魚	×	×	△	○	做成魚絞肉、切碎即可易於食用。
	生魚片	×	×	×	×	會有細菌或是寄生蟲的疑慮，生食NG，加熱後即OK。
	蒲燒鰻	×	×	×	△	有細小魚刺、味道較重、脂質較多，不適合用於副食品。
	明太子	×	×	×	△	鹽分較高不適合用於副食品。使用時應充分加熱。
	海膽	×	×	×	×	有過敏的疑慮，最好不要使用。
	醬油漬鮭魚卵	×	×	×	×	有過敏的疑慮，且鹽分較高，不適合用於副食品。
加工品（魚）	吻仔魚乾	○	○	○	○	充分去除鹽分的話OK。容易腐敗，沒使用完的部分應冷凍保存。
	海底雞（水煮）（油漬）	×	○	○	○	推薦使用水煮罐頭。應先以熱開水汆燙、去除油脂後再使用。
	鮭魚鬆	×	×	△	○	含有鹽分或添加物，應先以熱開水汆燙並控制使用量。
	魚肉香腸	×	×	×	○	鹽分或添加物的問題頗令人擔心，使用時應選擇無添加物者。
	魚板	×	×	△	△	難以咀嚼，不適作為副食品。使用時，應選擇添加物較少者。

不易產生過敏，可從真鯛或是吻仔魚乾開始嘗試

白肉魚的脂肪含量低、營養價值高，很適合用作副食品。可以先從過敏疑慮較低的真鯛開始，建議磨碎後再使用。由於單次的使用量非常少，做成生魚片會比較方便。生魚片沒有魚刺，可以放心食用，不過別忘了一定要充分加熱。吻仔魚乾應先以熱開水汆燙、去除鹽分，即非常適合作為白粥的調味。加工食品通常會附帶令人擔心的鹽分或是添加物問題，因此並不推薦作為副食品食用。如果一定要使用，請選擇添加物較少的加工食品。

	食材名稱	吞食期 5～6個月	壓食期 7～8個月	咬食期 9～11個月	嚼食期 1～1歲半	重點
●加工品（魚）	竹輪	×	×	△	△	以熱開水汆燙後切細碎。應選擇無添加物的食材。
	薩摩炸魚餅	×	×	△	△	選擇無添加物的食材，以熱開水汆燙去除鹽分或油分。
	蟹味棒	×	×	×	△	鹽分及油分頗多，使用時應先以熱開水汆燙。
	柴魚片	△	○	○	○	吞食期開始即可用於高湯。但是必須至壓食期才能真正食用。
●肉	雞里肌肉	×	○	○	○	脂肪較低，非常適合作為副食品。磨碎後比較易於食用。
	雞肉（胸、腿）	×	△	○	○	習慣了去皮、脂肪含量較低的雞里肌肉後再給予。
	牛肉（瘦肉）	×	×	○	○	使用脂肪含量較低的瘦肉。應於習慣雞肉後再給予。
	豬肉（瘦肉）	×	×	○	○	脂肪含量較高，應於習慣雞肉後再給予。必須充分加熱。
	肝臟	×	×	○	○	選擇新鮮的肝臟。磨碎或是切碎後使用。
	牛豬絞肉	×	×	×	○	脂肪含量較高，應控制使用量。選擇瘦肉較多的。
●加工品（肉）	培根	×	×	×	○	鹽分、脂肪含量較高，僅用作為湯品的調味。
	火腿	×	×	×	○	應選擇鹽分較低或是添加物較少的火腿，並控制使用量。
	鹹牛肉	×	×	×	○	含有鹽分、脂質、添加物，應盡量避免，或是控制使用量。
	香腸	×	×	×	○	少量使用無添加且去皮的香腸，先用水煮過、去除鹽分。

肉類先從脂肪含量較低的雞里肌肉開始

肉類應從壓食期開始給予。先選擇脂質較少的部分，依雞肉→牛肉、豬肉的順序逐漸讓寶寶習慣。剛開始接觸時，建議先從雞里肌肉開始。其脂肪含量較低、易消化，可於冷凍後磨碎混入白粥內，或是放入有勾芡的湯品一起加熱，會更易於食用。牛豬絞肉似乎很好食用，但是脂肪較多，應於1歲過後再給予。絞肉也可以從雞里肌肉或是瘦肉絞肉開始讓寶寶習慣。火腿、香腸等加工食品要注意添加物或是鹽分的問題，不需要勉強讓寶寶在副食品時期食用而且也僅止於用來製作高湯，1歲過後也要避免過度食用。

蛋白質來源

	食材名稱	吞食期 5～6個月	壓食期 7～8個月	咬食期 9～11個月	嚼食期 1～1歲半	重點
乳製品	鮮奶	×	○	○	○	可用於烹調食物。若要當作飲料，應於1歲以後再給予。
乳製品	原味優格	×	○	○	○	具有黏糊度，非常適合搭配蔬菜或是水果，應選擇無糖的優格。
乳製品	茅屋起司	×	○	○	○	鹽分及脂肪含量較低，非常推薦。也可使用已過篩網的形式。
乳製品	加工乳酪	×	○	○	○	鹽分及脂肪含量較高，僅可做為調味。
乳製品	卡門貝爾乾酪	×	○	○	○	鹽分及脂肪含量較高，應盡量控制，少量使用。
乳製品	奶油起司	×	×	△	△	脂肪含量非常高，不太建議使用。
大豆製品	豆腐	○	○	○	○	非常適合第一次食用植物性蛋白質的食物。剛開始時可以將絹豆腐汆燙。
大豆製品	大豆（水煮）	×	×	○	○	去除薄皮，煮軟磨碎後給予。
大豆製品	納豆	×	○	○	○	剛開始給予時需要加熱。可與白粥或是烏龍麵混合會比較容易入口。
大豆製品	高野豆腐	△	○	○	○	在乾燥狀態下磨碎後，放入湯品內，即可產生黏糊感。
大豆製品	豆漿	○	○	○	○	可將無調整成分的豆漿加熱後，用於烹調其他食物。1歲過後方可直接飲用。
大豆製品	黃豆粉	○	○	○	○	吸取到粉末可能會有嗆到的風險，應與白粥或是湯品等混合食用。
大豆製品	炸豆腐	×	×	△	△	含油量較高，難以啃咬，1歲過後可先用熱開水汆燙再食用。
大豆製品	豆渣	×	△	○	○	與其他食材混合後會比較容易入口。可有效消除便祕。

乳製品或是大豆製品相當適合用來當作副食品

乳製品雖然適用於副食品，但是會有致敏的可能性，剛開始時應少量給予並觀察寶寶的狀態。優格應選擇不加糖的原味優格，因帶有酸味，可與胡蘿蔔、南瓜等具有甜味的蔬菜或是蘋果、香蕉等水果磨碎後混合，會比較容易食用。為了預防過敏，蔬菜或是水果應於加熱後再使用，會比較安心。大豆製品也因為好消化吸收、有營養而相當適合用來做副食品。納豆的營養價值比大豆更高。可以將磨碎納豆加熱後少量給予。

	食材名稱	吞食期 5~6個月	壓食期 7~8個月	咬食期 9~11個月	嚼食期 1~1歲半	重點
雞蛋	蛋黃	×	○	○	○	從1匙水煮蛋的蛋黃開始。可以利用高湯稀釋，會比較好吞嚥。
	蛋白（全蛋）	×	△	○	○	習慣吃蛋黃後，再少量給予蛋白。別忘了要完全加熱。
	生蛋	×	×	×	×	因為有過敏或是食物中毒的風險，副食品時期是NG的。
	雞蛋豆腐	×	×	×	△	有鹽分或是添加物問題的疑慮，所以不太建議給予。

給予雞蛋的進度與分量標準

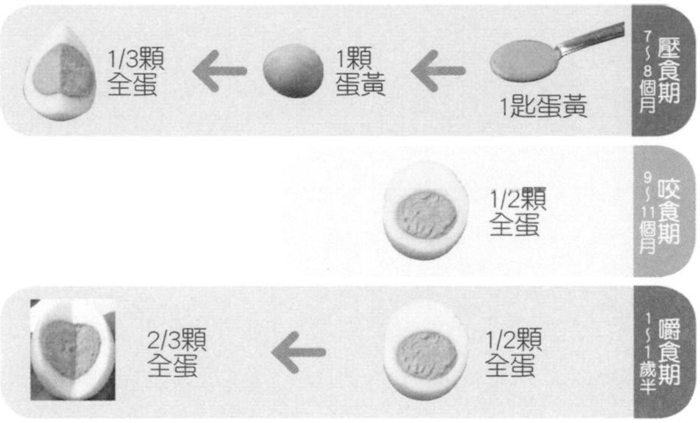

會引起強烈過敏反應的蛋白，應於習慣蛋黃後再給予

為了預防過敏，從壓食期開始就要慎重。每給予1匙水煮蛋蛋黃，就要觀察寶寶的狀態。逐漸增加蛋黃的量，待習慣蛋黃後再給予蛋白。蛋白一定要是水煮蛋的蛋白（完全加熱）。因為有沙門氏菌食物中毒風險的疑慮，不得給予半熟或是生雞蛋。

維生素・礦物質來源

蔬菜或水果加熱後會增加甜味，與其他食材的配合度相當高，是能夠幫助孩子健康成長的重要營養來源。

	食材名稱	吞食期 5~6個月	壓食期 7~8個月	咬食期 9~11個月	嚼食期 1~1歲半	重點
黃綠色蔬菜	胡蘿蔔	○	○	○	○	加熱後會變甜。能夠增加餐點色彩，營養滿分。
	菠菜	○	○	○	○	使用柔軟的菜葉。煮過後，再用清水沖洗，以去除澀味。
	南瓜	○	○	○	○	加熱弄碎後的嗜口性非常好，具有甜味，非常適合當作副食品。
	番茄	○	○	○	○	應去除種籽或是皮後再使用。非常適合用來做成湯品或是調味。
	青椒	×	○	○	○	剛開始時，應煮過、去皮後磨碎使用。
	秋葵	×	○	○	○	去除種籽、煮好後用刀子拍打即可產生黏性、易於食用。
	糯米椒	×	△	○	○	有辛辣味及苦澀味，不需要勉強寶寶食用。

維生素・礦物質來源

類別	食材名稱	吞食期 5～6個月	壓食期 7～8個月	咬食期 9～11個月	嚼食期 1～1歲半	重點
黃綠色蔬菜	花椰菜	○	○	○	○	在吞食期，必須磨碎後，再與白粥或是有勾芡的湯品一起食用。
	綠蘆筍	○	○	○	○	應選擇纖維質較少的新鮮綠蘆筍，並且僅使用柔軟的前穗處。
	豌豆莢	△	○	○	○	煮後切碎。做出黏糊度會更容易食用。
	四季豆	△	○	○	○	容易卡在牙縫中，不太好食用，應仔細切碎後再給予。
	白蘿蔔葉	○	○	○	○	新鮮菜葉煮軟磨碎後非常適合用來煮粥。
	蕪菁葉	○	○	○	○	新鮮菜葉煮軟磨碎後可放入白粥或是湯品內。
淺色蔬菜	白蘿蔔	○	○	○	○	煮軟後甜味會提升！也可以磨碎後再煮。
	茄子	△	○	○	○	去皮、浸泡水中，可以去除澀味。應仔細切碎後使用。
	小黃瓜	△	○	○	○	去皮後加熱。磨碎後可以與其他食材混合。
	青蔥	○	○	○	○	煮軟後會產生甜味。可以磨碎，或是仔細切碎。
	洋蔥	○	○	○	○	水煮或是拌炒後會產生甜味。可以磨碎或是仔細切碎。
	萵苣	△	○	○	○	加熱後會變軟，非常適合用來煮湯或是做成羹湯。
	高麗菜	○	○	○	○	水煮菜葉較柔軟的部分，使其產生甜味後使用。
	芹菜	○	○	○	○	纖維較多，可以使用食物研磨器等磨碎後做成湯品。
	蓮藕	×	×	○	○	去除浮沫後磨碎、煮軟會比較容易食用。
	牛蒡	×	×	○	○	去除浮沫、煮軟後使用。可以有效解決便祕問題。
	蕪菁	○	○	○	○	煮後會產生甜味，也會變軟且沒有浮沫，適合用於副食品。
	香草類	×	×	△	○	刺激性較強，不需特別給予。
	白花椰菜	○	○	○	○	剛開始僅使用前穗部位。水煮後，仔細切碎使用。
	豆芽菜	△	△	○	○	應去除鬚根、豆莢，水煮後再使用。做出勾芡會更易於食用。
豆類	毛豆	×	△	○	○	咬食期開始即可切碎後用於製作煎餅等食物。
	碗豆	×	○	○	○	煮軟、剝除外皮後磨碎使用。
	蠶豆	○	○	○	○	水煮後磨碎。可與鮮奶混合後做成濃湯。
	紅豆	△	○	○	○	水煮後去除薄皮、壓碎。避免加糖或是使用紅豆餡。

食材名稱		吞食期 5～6個月	壓食期 7～8個月	咬食期 9～11個月	嚼食期 1～1歲半	重點
水果	蘋果	○	○	○	○	磨碎後會比較容易食用。有整腸作用，可以改善便祕或是腹瀉。
	草莓	○	○	○	○	剛開始給予時應充分磨碎。非常適合搭配優格食用。
	香蕉	○	○	○	○	有黏性，非常適合當作副食品，也可以作為熱量來源。
	橘子	○	○	○	○	去除薄皮，僅使用果肉。有軟便作用。
	柳橙	○	○	○	○	與橘子同樣僅食用果肉。可選擇防腐劑、防蟲劑使用量較少的日本國內產品。
	水蜜桃	○	○	○	○	沒有酸味且口感滑溜，很受到寶寶歡迎。
	哈密瓜	○	○	○	○	果汁可能會造成皮膚起疹，必須特別注意。
	西瓜	○	○	○	○	水分較多，也很適合吞食期。注意別誤吞西瓜籽。
	葡萄	○	○	○	○	可能會滑入喉嚨，必須剝皮、弄碎後再給予。
	奇異果	○	○	○	○	先去除種籽部分。有些寶寶不喜歡酸味。
	梨	○	○	○	○	剛開始吃時，先煮過會比較容易食用。
	芒果	○	○	○	○	注意嘴巴周邊是否有出現皮疹或是過敏情形，應逐漸少量給予。
	鳳梨	×	×	△	△	纖維較多，較不易食用，不需要勉強給予。
	酪梨	×	△	△	○	脂質較多，不太推薦。應少量給予。
	藍莓	○	○	○	○	剝皮、弄碎後混在優格中給予。
	乾燥水果	×	×	△	△	糖分較高，應控制食用量。
	水果罐頭	△	○	○	○	盡量使用新鮮水果。使用時應先沖去糖水。

製作副食品時應大量使用當季蔬菜或是水果

蔬菜原則上都要加熱烹煮，去除一些較苦的、澀味較強烈的、具有較強藥理作用的部分香草類、烹調過後也難以變軟的，其他並沒有什麼特別的蔬菜是在副食品時期時所不能給予的。從預防過敏的角度來看，水果最好加熱後再給寶寶吃。特別是生的鳳梨含有蛋白質分解酵素，會讓觸碰到的舌頭部分感到刺痛，建議加熱後再給予。

維生素・礦物質來源

	食材名稱	吞食期 5～6個月	壓食期 7～8個月	咬食期 9～11個月	嚼食期 1～1歲半	重點
海藻	海帶芽	×	△	○	○	鹽漬品應先水洗，充分去除鹽分後，再將其煮軟。
	鹿尾菜	△	△	○	○	煮軟後與白飯或是豆腐混合，會比較容易食用。
	烤海苔	△	○	○	○	浸泡在湯汁中會變成黏糊狀。注意不要讓寶寶噎到。
	青海苔	△	○	○	○	為了避免吸入嗆到，應與白粥或是豆腐混合後再給予。
	加味海苔	×	×	×	△	會有調味較重的添加物等疑慮，應盡量避免。
	韓式海苔	×	×	×	△	鹽分或是油分較高、味道較重，不適合作為副食品。
	佃煮海苔	×	×	×	△	市售產品鹽分較高，可以利用烤海苔做出薄鹽口味的佃煮海苔。
	山藥昆布（薯蕷昆布）	×	△	○	○	鹽分較高、不易消化。應仔細切碎後，少量給予。
	寒天（洋菜）	△	△	○	○	可以將各式各樣的食材變成果凍狀。注意不要讓寶寶噎到。
	涼粉	×	△	○	○	先洗掉帶有酸味的佐醬，仔細切碎後再給予。
	海髮菜（褐藻）	×	△	○	○	仔細切碎後放入白粥或是湯品內。應控制使用量。
	炊熟海帶芽	×	△	△	△	有鹽分或是添加物問題的疑慮，不太建議使用。
	即食昆布片	×	×	×	×	含有鹽分或是添加物，屬於不易消化的食材。就連當作點心也NG。
其他	所有菇類	×	△	○	○	會卡在牙縫中，必須仔細切碎。過度食用會造成腹瀉。
	紫蘇	○	○	○	○	可以做為調味使用，不需要勉強給予也OK。
	大蒜	×	×	△	△	要注意刺激性較強。如果是大蒜油則沒有問題。
	生薑	×	×	△	△	要注意刺激性較強，不給予也沒關係。
	冷凍三色混合蔬菜	○	○	○	○	充分加熱後若還有皮沾黏，應先去除後再使用。
	果醬	×	△	△	△	選擇糖分較少的無添加物果醬，逐漸少量給予。
	芝麻醬	×	×	△	△	有過敏的疑慮，應從少量開始給予。
	酸梅	×	△	○	○	鹽分較高，僅能用於少量調味。
	飯友香鬆	×	×	×	△	市售產品含有鹽分、添加物、色素，不推薦使用。
	蒟蒻	×	×	×	×	如果沒有切碎，寶寶會有噎到的危險性，因此NG。

副食品時期不需要調味料 運用食材的原味，味道清淡即可

基本上副食品的味道相當清淡，只需要食材內所含有的鹽分或是甜味就已經非常足夠，盡量不要使用調味料。番茄醬的味道濃郁，如果需要使用，建議選擇沒有調味的無添加物純番茄汁。美乃滋中含有生蛋，可能會有過敏的風險。與成人分食餐點時也要特別注意，務必要加熱過後再給寶寶吃。

要注意海藻類的鹽分 避免使用市售產品，盡量自製

海藻類雖然對身體有益，但是不易消化，可以從咬食期開始少量給予。加味海苔、韓式海苔、佃煮海苔等鹽分較高，不建議於副食品時期使用。佃煮海苔可以簡單利用烤海苔加水後自製，所以請務必自行製作再給予。也可以利用食物攪拌器將蔬菜與青海苔自製成飯友香鬆，這樣一來就不用擔心添加物的問題而可以安心使用。

調味料・油脂

副食品時期不需要調味料。如需調味，使用極少量即可。建議自行製作高湯，或是使用無添加物的高湯包。

食材名稱	吞食期 5～6個月	壓食期 7～8個月	咬食期 9～11個月	嚼食期 1～1歲半	重點
砂糖（上白糖）	△	○	○	○	食材本身的甜味已經非常足夠，不需特別調味。使用時，要控制使用量。
鹽	×	△	△	△	光是母乳或是食材本身所含的鹽分就已經非常足夠，盡量不要使用。
醋	△	○	○	○	寶寶不喜歡酸味，因此沒有必要特意使用。
醬油	×	△	○	○	鹽分較高，不需要特別調味。若真需要調味，使用1～2滴即可。
味噌	×	△	○	○	選擇無添加物的味噌。控制使用量，成人的味噌湯應稀釋3～4倍後再給予。
番茄醬	×	○	○	○	味道較重，應少量使用。建議使用純番茄汁。
美乃滋	×	×	×	×	會有雞蛋過敏的疑慮。加熱後可於咬食期開始少量給予。
奶油	△	○	○	○	應少量使用。由於含有鹽分，應盡量選擇無鹽奶油。
人造奶油（乳瑪琳）	×	×	×	×	含有反式脂肪，最好不要使用。
液態鮮奶油	×	○	○	○	脂肪含量較高，應控制使用量。植物性液態鮮奶油含有添加物，不得使用。
豬排醬（伍斯特、中濃）	×	×	×	△	鹽分、糖分、添加物較多，辣味的刺激性較強，不推薦使用。
油膏	×	×	△	○	可少量用於調味程度，不需要特意使用。
味醂	×	×	△	△	糖分較高應盡量避免。必須先加熱使酒精蒸發。
無添加高湯包	○	○	○	○	選擇無添加的優質高湯包。建議自製高湯。

食材名稱	吞食期 5～6個月	壓食期 7～8個月	咬食期 9～11個月	嚼食期 1～1歲半	重點
鰹魚高湯粉	×	×	△	△	含有鹽分或是化學調味料，盡量不要使用市售品，應使用天然的鰹魚粉。
雞汁（市售）	×	×	×	△	鹽分較高，最好不要使用。可選擇寶寶專用雞汁。
雞湯粉	×	×	△	△	鹽分較高，最好不要使用。可以使用燉煮雞肉後的湯汁。
白醬油	×	×	△	○	使用時，調味應稀釋。如欲使用應選擇無添加物的產品。
胡椒	×	×	△	△	刺激性過強，不需要特意使用。
辛香料（山葵、芥末、辣椒）	×	×	×	×	刺激性較強，最好不要給予。與成人分食餐點時要特別注意。
柚子油醋醬	×	×	△	△	鹽分較高，最好不要使用。如欲使用應選擇無添加物的產品。
沾麵醬汁	×	△	△	○	應選擇無添加物的產品，極少量使用。稀釋標準為成人的4～5倍。
沙拉沾醬	×	×	△	△	含有大量油分、鹽分、辛香料等，最好不要使用。
烤肉醬	×	×	△	△	含有許多鹽分或是辛香料，刺激性過強，應盡量避免。
咖哩粉	×	×	△	△	刺激性較強，最好不要使用。如果要調味，儘可能採取極少量的程度。
甜麵醬	×	×	△	○	為了不要讓味道太重，使用時應少量添加。
蜂蜜	×	×	×	○	含有肉毒桿菌，恐會造成食物中毒，1歲以前不得給予。
沙拉油	×	△	△	△	屬於亞麻酸類的油脂，若異位性皮膚炎等發炎情形變嚴重時，應控制使用。
橄欖油	△	○	○	○	耐高溫及氧化，且對健康有益，相當推薦。應控制使用量。
玉米油	△	○	○	○	屬於亞麻酸類的油脂，注意不要過度攝取。
芝麻油	×	△	△	△	含有大量亞麻酸，注意不要過度攝取。
紫蘇油	△	○	○	○	不耐熱，可以直接少量當作沙拉沾醬或是拌醬等。
荏胡油	△	○	○	○	可以預防過敏，是對身體很溫和的油。可以直接使用。

選擇優質的油脂，注意避免過度攝取

為了預防因過敏而發炎，推薦使用含有α-亞麻酸的紫蘇油或是荏胡油，但是這兩種油不耐高溫，應直接使用。在加熱烹調方面，最適合使用耐高溫及氧化的橄欖油。此外，過度攝取亞麻油酸恐造成異位性皮膚炎或是氣喘等症狀惡化。不過，僅止於「過度攝取」時，適量使用則無此問題。

飲品

茶類要注意咖啡因，果汁類要注意糖分，飲品基本上以白開水為主。麥茶要盡量選擇寶寶專用或是無添加的產品。

食材名稱	吞食期 5～6個月	壓食期 7～8個月	咬食期 9～11個月	嚼食期 1～1歲半	重點
麥茶	△	△	○	○	欲給寶寶飲用成人用的麥茶時，應選擇無添加物的產品，並且以白開水稀釋。
綠茶	×	△	○	○	含有咖啡因以及單寧酸，給予時應稀釋並且少量給予。
焙茶	×	△	○	○	含有咖啡因，應稀釋並少量給予。
番茶	×	△	○	○	含有咖啡因以及單寧酸，給予時應稀釋並控制在少量給予。
咖啡	×	×	×	×	咖啡因較高、刺激性較強，不應給予飲用。
可可亞	×	×	△	○	可選擇不加糖，僅加入少量鮮乳之產品。
紅茶	×	×	×	△	含有大量咖啡因以及單寧酸，建議不要給予。
花草茶	×	×	×	△	有些花草茶含有對人體有害的成分，最好不要給予。
烏龍茶	×	×	×	△	含有較多咖啡因，最好盡量避免。
礦泉水	×	×	×	△	礦物質會造成消化器官負擔。自來水中也含有礦物質，應避免給予。
100%果汁	△	△	△	△	糖分較高，應稀釋2～3倍，少量給予。
蔬菜汁	△	△	△	△	選擇無鹽的蔬菜汁，稀釋後給予飲用。應控制飲用量。
含果汁飲料	△	△	△	△	糖分較高，還有令人擔心的香料或是添加物，最好避免。
乳酸菌飲料	×	×	△	△	糖分非常高，最好不要給予。
碳酸飲料	×	×	×	×	刺激性較強、糖分也高，最好不要給予。
奶昔	×	×	×	×	糖分較高，最好不要給予。
嬰幼兒專用果汁	△	△	△	△	糖分較高，注意不要過度給予。
自來水	×	△	△	○	可能會有細菌，建議使用煮沸後冷卻的白開水。
養樂多	×	×	△	△	糖分較高，注意不要過度給予。
咖啡牛奶飲料	×	×	×	×	含有咖啡因、糖分亦較高，最好不要給予。
嬰幼兒專用電解質液	△	△	△	△	預防發燒或是腹瀉造成脫水時可以給予。平常不應過度飲用。
運動飲料	×	×	×	×	糖分較高、鹽分較低，最好不要給嬰幼兒飲用。

這種時候該如何是好？

身體不舒服時的因應方法

寶寶身體不舒服時往往很令人擔心，愈是在這種時候更要沉著冷靜，讓寶寶感到安心。

觀察寶寶的狀態，遵循醫師指示

發燒、腹瀉、嘔吐等，當寶寶身體不適時，最好先至醫院接受診斷，並且遵循醫師指示。不過，如果能夠事先知道一些基本的因應方法，冷靜沉著地處理，會更安心。

出現發燒、腹瀉、嘔吐等情形，最該注意的是脫水症狀。人體有70%是水分，寶寶維持身體水分的運作機能尚未成熟，往往容易引發脫水症狀。如果沒有食慾，沒有必要勉強餵食，但必須確實補充水分。隨著病況的改善，食慾也會自然恢復，請無須擔心，好好看顧寶寶吧。生病時應給予對腸胃負擔較小、易消化的食物。

身體不舒服時的因應方法

1 別忘了補充水分

寶寶生病時最令人擔心的即是出現脫水症狀。特別是發燒、腹瀉、嘔吐時，最容易流失水分，應特別注意。少量幫寶寶補充水分吧！

2 不需要勉強寶寶進食

如果寶寶沒有食慾、還在生病，就不需要勉強餵食。只要注意補充水分，等症狀穩定下來，孩子自然會恢復食慾。

3 如果有食慾，就可以逐漸再餵寶寶吃副食品

寶寶有食慾後，就可以再給他吃白粥、烏龍麵、湯品等，但是要暫時避免會對腸胃造成負擔的纖維質與油脂。一邊觀察寶寶狀況，一邊盡快恢復一般的分量與菜色吧！

發燒

體溫上升時

如果寶寶沒有食慾，不需要勉強餵食。多注意補充水分。推薦使用ORS（再水化溶液：Oral Rehydration Salts）補充因流汗而流失的鉀離子或鈉離子等電解質。市售ORS有OS-1、AquaRite ORS等商品，但也可以自行製作。此外，還可以使用嬰幼兒的水離子補充飲料。母乳或是配方奶也都可以用來補充水分。也可以給予稀釋果汁或是蔬菜湯以補充因發燒而消耗的維生素或礦物質。如果寶寶有食慾，也可以餵食副食品，像是煮軟的烏龍麵或是白粥等讓胃部好消化吸收的食物。蘋果等水果磨碎後過篩網也會變得易於食用。

重點
- ✓ 不需要勉強餵食
- ✓ 確實補充水分＋維生素・礦物質

再水化溶液的製作方法

將砂糖40g、鹽3g放入1L的煮沸開水中，攪拌混合溶解成透明狀。加入少量蘋果汁或是檸檬汁等果汁調味會更易於飲用。

退燒後

退燒後，如果寶寶有食慾，即可重新餵食副食品。做一些可以讓寶寶恢復體力的碳水化合物，以及可以補充因發燒而消耗的蛋白質與維生素C的餐點。選擇一些好消化吸收的餐點。可以將豆腐、白肉魚、雞里肌肉、雞蛋、乳製品等蛋白質來源，搭配白粥或是烏龍麵後給寶寶食用。別忘了也可以利用蔬菜或是水果補充維生素與礦物質。水分也要持續少量給予。

重點
- ✓ 給予好消化吸收的食物
- ✓ 給予熱量＋優質蛋白質
- ✓ 利用蔬菜以及水果補充維生素・礦物質

退燒後，就要恢復體力！

雞蛋胡蘿蔔烏龍麵（嚼食期）

材料

冷凍熟烏龍麵……100g
胡蘿蔔……30g
高湯……150ml
蛋液……1/2顆

作法

1. 烏龍麵切成2～3cm。胡蘿蔔磨碎。
2. 鍋中放入①及高湯，開中火。煮沸後轉小火，煮約3分鐘。
3. 將蛋液加入②，煮成蛋花狀（完全煮熟）。

高麗菜蛋黃粥（咬食期）

材料

高麗菜……20g
5倍粥（→P.42）……6大匙（90g）
蛋黃……1顆

作法

1. 高麗菜煮軟、切粗末。
2. 鍋中放入①及5倍粥，開中小火。
3. 將蛋黃加入②，快速攪拌均勻，並且加熱至蛋黃完全熟透。

蘋果豆漿粥（壓食期）

材料

5倍粥（→P.42）……3又1/2大匙（50g）稍少
蘋果……5g
豆漿……2大匙

作法

1. 將5倍粥磨粗末。
2. 蘋果煮軟，過篩網。
3. 將①及②放入耐熱容器內，與豆漿混合均勻，用微波爐加熱約20秒。

嘔吐

如果寶寶持續強烈嘔吐，最好不要給予任何食物

寶寶的胃呈現酒壺狀，所以很容易嘔吐。若是咳嗽或是嗝氣所導致的嘔吐，通常吐完後精神依舊很好，如果寶寶也有食慾，可以一邊觀察寶寶狀態，一邊餵食。但是如果伴隨有發燒或是腹瀉、反覆嘔吐時，就要去看醫生。反覆吃了吐、喝了吐，會消耗體力，甚至引發脫水症狀，待強烈嘔吐的情形緩和後，可以餵飲一大匙白開水。如果沒有繼續吐，過30分鐘後再給予一湯匙。每隔30分鐘逐漸少量增加給予的水分。除了白開水，也很推薦使用水離子補充飲料或是ORS（再水化溶液↑P.171）。如果嘔吐狀況一直無法改善，就要再度請教醫師。

水分攝取至100 ml以上時，即可試著給予白粥或是煮軟的烏龍麵等好消化吸收的食物，也可以利用蔬菜湯來調味，有效補充維生素與礦物質。可以選擇調味清淡、食材煮得軟爛、不會刺激食道及胃部的菜餚，過冷、過熱的刺激物都NG。柑橘類或是優格等酸味食材也都具有刺激性，最好避免。

重點

- ✓ 嘔吐情形較嚴重時，應遵循醫師指示
- ✓ 治癒後應逐漸、少量給予水分（可參照P.171再水化溶液的製作方法 ※仍在嘔吐時，注意先不要加入果汁）

✕ 這些食材都NG！

- 酸味食材（柑橘類、優格）
- 較硬的食材（餅乾、煎餅）
- 粉狀物（黃豆粉）
- 過熱、過冷的食材

等

如果攝取水分後也沒問題

馬鈴薯泥湯（嚼食期）

材料

馬鈴薯……80g
高湯……3大匙

作法

1. 馬鈴薯煮軟、磨碎。
2. 將高湯加入①稀釋。

白粥豆腐湯（咬食期）

材料

5倍粥（→P.42）……6大匙（90g）
豆腐……45g
高湯……1/3杯

作法

將所有材料放入鍋中，充分攪拌均勻，豆腐弄碎，開中火，煮沸後熄火。

稀釋蘋果汁（黏糊狀）（壓食期）

材料

蘋果汁……1大匙
日本太白粉水（日本太白粉：水=1：2）……少許

作法

1. 於耐熱容器內放入蘋果汁與2大匙水，用微波爐加熱約45秒。
2. 於①中放入日本太白粉水，快速攪拌，作出勾芡（如果難以攪拌出勾芡，可以重新用微波爐加熱幾秒，再徒手快速攪拌）。

口內炎

注意食材以及烹調方法，逐漸少量地給予會比較易於食用

口內炎是口腔內黏膜的發炎症狀。口內炎除了有口腔潰瘍、泡疹，還有疱疹性咽峽炎和手足口病（腸病毒）等各式各樣的種類。寶寶患有口內炎時會難以進食。明明肚子餓卻因為疼痛而無法進食，寶寶情緒就容易不佳。建議給予滑溜、不會刺激口腔內壁的食物，例如：寒天果凍、葛粉果凍、豆腐，壓食期後則可以自製卡士達醬或是鮮奶油、容易吞嚥的奶油燉菜（cream stew）或是食物泥濃湯（potage）。

此外，不能一次給予大量的食物，所以要選擇少量給予即可補充熱量的食物，例如：香蕉、番薯、白粥、烏龍麵等。減少每次給予的食用分量，增加用餐次數。

熱、硬、酸、鹹等刺激物通通NG，要以刺激性較低的清淡口味為主。飲品也要放常溫後再給予。

重點

- ✓ 避免引發脫水症狀，應確實補充水分
- ✓ 給予刺激性較低、口感較佳的餐點
- ✓ 逐漸少量給予營養價值高的餐點

容易飲用的食材

- 寒天果凍
- 葛粉果凍
- 豆腐
- 嬰兒食品糊 等

高エネルギーの食材

- 番薯
- 香蕉
- 烏龍麵
- 白粥
- 馬鈴薯
- 鮮奶
- 麵包粥
- 白醬

等

✕ 這些食材都NG！

- □ 酸味食材（柑橘類、酸梅、柚子油醋醬、沙拉沾醬）
- □ 較硬的食材
- □ 過熱的食材
- □ 較鹹的食材

等

口感好、容易吞嚥的副食品

馬鈴薯胡蘿蔔泥濃湯（嚼食期）

材料

馬鈴薯……50g
胡蘿蔔……20g
鮮奶……40ml

作法

❶ 馬鈴薯與胡蘿蔔去皮，切薄片。
❷ 鍋中放入①以及可以蓋過食材的水量，開小火煮至食材變軟（如果中途水分已經煮乾，就要再補水）。
❸ 取出煮好的蔬菜，磨碎後再放回鍋中，加入鮮奶，稍微加溫，不要煮到沸騰。

蕪菁燉吻仔魚（咬食期）

材料

蕪菁……20g
吻仔魚乾……15g
日本太白粉水（日本太白粉：水=1：2）……少許

作法

❶ 蕪菁去皮，磨碎。
❷ 將吻仔魚乾放在1/2杯的熱開水裡，浸置約5分鐘，將水濾掉後切粗末。
❸ 鍋中放入①、②，以及1/2杯水，小火煮約3分鐘。
❹ 完成後再用日本太白粉水做出勾芡。

納豆燴茄子（壓食期）

材料

茄子……15g
磨碎納豆……12g

作法

❶ 茄子去皮，用保鮮膜包覆。放入微波爐加熱約30秒。將磨碎納豆放入耐熱容器，用微波爐加熱約15秒。
❷ 將①稍微放涼後，將茄子仔細切碎，與納豆混合均勻。

腹瀉

避免纖維質或是油脂類給予好消化的食物

腹瀉時，容易造成體內水分或營養素不足、體力消耗。如果寶寶有食慾，可以隨時給予副食品。

如果沒有食慾，就先補充水分。可以給予ORS（OS-1或是AquaRite ORS等→P.171）或是嬰幼兒專用的水離子補充飲料、味噌湯沉澱後上方的白湯＋白開水等。母乳或是配方奶僅於寶寶想喝時再給予。

寶寶若有食慾，就給他好消化吸收的白粥或是烏龍麵等。蘋果、胡蘿蔔等含有豐富的果膠，果膠具有整腸作用，磨碎後與白粥等混合餵食即有改善效果。然後再加入已過篩網的蔬菜或是白肉魚、豆腐等優質蛋白質，可以比平常的副食品調味更重一些，以補充流失的鹽分。為了恢復體力，應盡快回復給寶寶吃原本吃的副食品。

重點

- ✓ 補充水分，預防脫水
- ✓ 為了恢復體力，應盡快恢復成之前吃的副食品

一天腹瀉5次以上時

❶在白粥中加含有果膠的食材
↓
❷在①中加入脂肪較少的蛋白質
↓
❸在②中加入纖維較少、過篩網的蔬菜
↓
❹恢復成平常吃的副食品

✕ 這些食材都NG！

- □纖維較多的蔬菜或是豆類（高麗菜、小松菜、韭菜、豆芽菜、青蔥）
- □油脂類（奶油、鮮奶油、油脂）
- □乳製品

等

含果膠、對腹瀉有改善效果的副食品

彩椒雞里肌肉雜燴粥
嚼食期

材料

- 彩椒……30g
- 雞里肌肉……15g
- 5倍粥（→P.42）……6大匙（90g）

作法

❶ 彩椒去皮，切粗末。雞里肌肉去筋，仔細切碎。
❷ 鍋中放入①以及可以蓋過食材的水量，開中火煮至雞里肌肉熟透。
❸ 在②中混入5倍粥，稍微煮過。

甜煮蘋果番薯
咬食期

材料

- 番薯……60g
- 蘋果……10g

作法

❶ 番薯與蘋果去皮，切薄片。
❷ 鍋中放入①以及可以蓋過食材的水量，開小火煮至食材變軟（如果中途水分已經煮乾，就要再補水）。
❸ 將②磨粗碎。

胡蘿蔔與柳橙碎泥10倍粥
壓食期

材料

- 胡蘿蔔……15g
- 柳橙……5g
- 10倍粥（→P.42）……3大匙（45g）

作法

❶ 胡蘿蔔煮軟，與柳橙一起磨碎。
❷ 將①與10倍粥混合均勻。

便祕

便祕的原因很複雜 可能有用餐、水分、生活習慣等

每個寶寶的排便次數及糞便狀態都不同，並沒有所謂幾天沒有排便就是便祕的判斷基準。但是，如果排便有困難，就稱之為便祕。例如，可以從寶寶的樣子判斷排便時好像會疼痛等。哺乳期的便祕通常是因為母乳不足或是腹壓不足，可以排除這些因素。此外，為了讓糞便變軟，也可以試著讓寶寶飲用植物性便祕藥（寶寶專用便祕藥）或是砂糖水（濃度1～3％）等。

開始吃副食品後，便祕的原因會變得更複雜，可能是因為水分不足、飲食量不足、生活不規律等。首先，應利用母乳、配方奶、果汁、蔬菜湯等大量補充水分。建議給予含有可以調整腸道環境的益生菌優格或是納豆，以及益菌生的蔬菜、水果、海藻類、豆類及寡糖。奶油及植物油等油脂類、柑橘類也都有促進排便的作用。除了餐點設計，正常且規律的生活也很重要。每天固定用餐時間，白天時要讓寶寶大量的遊戲、運動。

推薦的食材

增加糞便的體積

膳食纖維在腸道內難以被消化吸收，因此會增加糞便的體積而刺激腸道。具有此類效果的食材有牛蒡、菇類、馬鈴薯、南瓜、芋頭、蔬菜類、花椰菜、納豆、黃豆粉、紅豆、海藻、黑棗等。

讓腸道運作活躍

優格或納豆等發酵食品所含有的乳酸菌等好菌能使腸道健康。也很推薦食用好菌的營養來源——寡糖或是膳食纖維。

預防便祕

容易便祕時，應比平常稍微增加糖分、油脂類、乳製品。大量攝取水分也有效果。

使糞便軟化

番薯、香蕉、蘋果、草莓、番茄、胡蘿蔔、柑橘類含有大量的果膠。果膠能夠增加好菌、調整腸道環境，同時也有可以調整糞便水分的優點。

可以消除便祕的食譜

秋葵炒豬肉佐優格醬
嚼食期

材料

秋葵……30g
豬肉（瘦肉）……10g
植物油……少許
原味優格……2大匙

作法

❶ 秋葵煮軟，縱切剖半，取出種籽，切粗末。
❷ 豬瘦肉切絲。
❸ 平底鍋中放入植物油，以中火加熱，拌炒②。炒熟後加入①，再稍微炒一下取出。
❹ 待③冷卻後，淋上優格。

高麗菜燴納豆
咬食期

材料

高麗菜……20g
納豆……18g

作法

❶ 高麗菜煮軟後仔細切碎。
❷ 將納豆放入耐熱容器，用微波爐加熱約20秒。
❸ 將①與②混合均勻。

黃豆粉香蕉優格
壓食期

材料

香蕉……40g
黃豆粉……1小匙
原味優格……50g

作法

❶ 香蕉弄碎。
❷ 將黃豆粉與優格加入①，混合均勻。

不知該怎麼做的時候 副食品問題Q&A

每個孩子對於副食品的反應大不相同。在此提出一些建議的因應之道。

吞食期

Q 我的孩子比預產期早出生約1個月。5個月就開始吃副食品OK嗎？

A 不需要拘泥於5個月這個時間點上，請依孩子成長狀況決定開始的時間。

「出生後5個月」只是一個建議基準時間，不一定非要遵守。只有比預產期早出生、未滿2500g、體重過輕的孩子，可以將「預產期起5個月大」作為一個基準時間點。相反的，也有些媽媽會因為寶寶體重較重，希望能夠提早餵食副食品。然而重點不是月齡或體重，而是寶寶發展的情況。如果觀察到寶寶「脖子已經可以自由轉動」、「支撐一下即可坐起」、「對食物有興去」、「流口水」等傾向，就可以判斷差不多可以進入吃副食品的時期了！

Q 我的寶寶很愛吃。如果他還想吃，可以繼續給嗎？

A 一開始主要還是母乳或是配方奶攝取到營養，但寶寶對副食品有興趣亦無妨。

基本上，如果只是對副食品有興趣，給予是沒問題的，但是必須注意開始給予的時期。這個時期的消化吸收功能尚未發育成熟，還要注意過敏的可能性，因此對於食材的選擇及分量拿捏都要留心。第一天僅給予1小匙的米粥。第三天以後，開始1匙1匙地增加，目標是一週後增加到5匙。習慣米粥之後，就可以漸漸加入蔬菜或是豆腐等嗜口性較好的食材。

開始吃副食品後，要邊觀察寶寶狀況邊調整給予的分量，僅給予寶寶想吃的分量。然而，吞食期的寶寶應該從副食品中所攝取的營養約占整體的1成，剩餘9成的營養成分都還是來自於母乳或是配方奶。如果吃完副食品後還願意喝母乳或是配方奶就沒有問題，但是如果哺乳量銳減，就要減少副食品的給予量，注意餐後的哺乳情形。話說回來，還有一個問題是，能否利用湯匙餵寶寶吃副食品呢？可以參考P.15（湯匙的使用重點），確認一下。只要用湯匙把副食品塗抹在寶寶上顎，不論是否有飽足感，寶寶都會吃下去。

Q 把白粥放入寶寶的嘴巴，他卻一下子吐出來。

A 盡量磨碎成滑順狀，試著用母乳或是配方奶調味。

寶寶一直以來都只吃母乳或是配方奶等流質食物，只要稍微有點顆粒感或是渣渣感就會不喜歡。特別是白粥，即使煮得軟爛仍容易殘留顆粒感，應盡量仔細磨碎成滑順狀後再給予。

即使這樣，寶寶還是可能抗拒沒有口感的味道。這時可以少量添加一點母乳或是配方奶，讓食物接近寶寶習慣的味道後再給予。

如果從嘴巴溢出來，就用湯匙接住，重新放回寶寶嘴邊。反覆這樣做，食物就會因混到口水而變得更好入口。

剛開始如果吃得不太順利也不要在意。不要著急，慢慢讓寶寶習慣吧！

Q 開始給予副食品卻拉肚子。應該要暫停嗎？

A 如果寶寶精神好，不用擔心。

開始吃副食品後，有不少寶寶的糞便會變得稀軟、排便次數增加。這是因為寶寶一直以來都只有從母乳或是配方奶中攝取到水分，所以在食用副食品後，腸道受到刺激，使得腸內細菌平衡發生變化。持續餵食副食品，待寶寶逐漸習慣後，幾週內排便次數及狀態就會恢復穩定。如果寶寶精神良好、有食慾、體重也有順利增加就不用擔心，繼續給寶寶吃副食品吧！但是，如果寶寶持續水便、變得沒有精神，就請與醫師諮詢。

Q 聽說不能用成人的湯匙，真的嗎？

A 為了預防細菌感染，湯匙應該要分開。

成人口腔中除了蛀牙菌、牙周病菌，還有許多我們意想不到的細菌潛伏在內。使用過的湯匙上，會附著帶有這些細菌的唾液，如果直接使用，這些細菌或是病毒可能就會轉移到寶寶的口腔內。寶寶的抵抗力還很差，必須特別注意。分食成人餐時，也要使用不同的湯匙。

想要確認食物冷熱時，也不能用自己的嘴巴接觸，應先放在手腕內側進行確認。遇到寶寶不易咬碎的食材，媽媽也應避免由自己咬碎後再給予。

Q 寶寶不吃家中自製料理，更想吃市售嬰兒食品……。

A 可以善用市售嬰兒食品，再慢慢加入自製的餐點。

市售嬰兒食品相當滑順，很好吞嚥，寶寶比較容易食用。然而缺點是食材的形狀、軟硬度、味道都很單一。外出或是忙碌時，可以用來取代部分日常餐點，但是如果可以，還是希望媽媽可以親自下廚，運用多樣的食材與調味，讓寶寶感受到食物的魅力，培養味覺與咀嚼能力。

親自烹調時，可以試著將某一種食材放入市售嬰兒食品中，或是試著自製接近市售嬰兒食品味道的食物，逐漸試著讓寶寶習慣自製的家庭料理。

Q 大便變硬，擔心會有便祕問題……。

A 可能是因為哺乳量減少，水分不足所造成的。

糞便變硬的原因之一是因為水分不足。吃副食品時，哺乳量會減少，因此應該要額外讓寶寶飲用冷開水或是麥茶。

此外，也可以在副食品內容方面多費點心思，多多運用含有好菌的優格或是膳食纖維較多的蔬菜、水果、根莖類等食材。纖維容易殘留在口腔內，所以最好要煮軟、磨碎、做出黏糊度等，烹調成容易食用的狀態。

還有一個重點是生活要規律。盡量在每天同一時間給予副食品，讓身體有規律性。

Q 想挑戰新食材，但是寶寶卻不習慣，因而無法增加新菜色。

A 試著混入原本喜歡的菜單內。

不喜歡新食材的理由很複雜，可能是因為討厭味道、討厭口感、難以下嚥等。為了知道真正的理由，可以暫時不要改變食材、烹調方法或是調味，而是慢慢一點點地變化。煮軟後混入原本喜歡的食材內；調味時以寶寶習慣的味道為主；食材的差異盡量不要太大。比方說可以與香蕉、豆腐、白粥、馬鈴薯泥、優格等混合，會比較好吞嚥。此外，初次使用的食材，每次僅可使用一種。這樣一來，發生過敏反應時，才比較容易鎖定原因。

Q 本來吃得很好，某一天卻突然不吃了。為什麼會這樣？

A 寶寶還會再吃的，不用過度擔心。

好不容易進展到了副食品階段，卻「半途而廢」突然不吃了。這種情形經常發生，只要寶寶還很有精神，就沒有問題。

到了這個時期，寶寶智力會逐漸開始發展，開始對各式各樣的事物表現出興趣。厭倦副食品、開始對其他事物感興趣也是家常便飯。如果勉強餵食，也許寶寶會因此討厭用餐。為了讓寶寶對用餐產生興趣，媽媽可以一起吃，試著在調味與擺盤上多費點心思。或者可以改到公園野餐等，改變一下環境也很不錯。然而，有些媽媽會過度堅持要寶寶用餐，請注意不要對這件事情太有壓力。寶寶一定會有不想吃東西的時期，也會有很想吃東西的時期，趁早接受寶寶會有一段不想用餐的時期吧！

Q 外出時會打亂吃副食品的時間。

A 規律生活很重要，但不需要過於神經質。

出門在外比較沒有餵食副食品的地點或是時間，回家後又立刻午睡。每天要在同樣的時間點給寶寶吃副食品的確很困難。這種時候，不需要過度緊張，採取臨機應變的態度即可。午睡起床後再餵食，或是晚餐稍微晚點吃也沒關係。只要隔天再恢復原本的時間，盡量不要破壞規律的生活即可。

如果外出時間經常會卡到吃副食品的時間，也可以試著調整吃副食品的時間。選擇一個可以不疾不徐餵寶寶吃副食品的時間，並且以該時間為主，規劃一天的行程。

Q 擔心過敏，所以遲遲不敢給寶寶吃豆腐、白肉魚之外的其他食物。

A 預先準備可以迅速因應的方法，少量且緩慢地開始。

過敏的確是令人擔心的問題。不過，雞蛋、乳製品、魚、肉等蛋白質是寶寶成長所不可或缺的營養素。攝取各式各樣的食材，也有助於培養味覺。如果因為擔心過敏就不敢給予也不太恰當。

剛開始給予時，可以選擇若發生過敏能立即因應處理的時間與地點。最好是選在醫院還有開門看診的時間帶內餵食副食品。剛開始時邊觀察寶寶狀態，邊給予極少量。雞蛋從水煮蛋黃開始，肉類從脂肪較少的雞里肌肉開始，注意給予的進展順序。如果還是很擔心，建議事前與醫師諮詢。

咬食期

Q 一直不接受副食品，完全不吃……。

A 或許可以試著減少哺乳量或是次數。

寶寶的體重是否有順利增加呢？確認一下寶寶健康手冊上的成長曲線表。如果沒有順利增加，請與醫師諮詢。

體重成長順利的寶寶通常是母乳或是配方奶攝取過量。只要讓肚子空一點，比起母乳或是配方奶，寶寶會更想吃副食品。不吃副食品可能是因為過度哺乳，肚子一直沒有餓的感覺、哺乳時睡著、對媽媽ㄋㄟㄋㄟ的執著度較強等原因。可以試著思考一些因應方法，例如：僅於餐後哺乳、不要再用奶瓶喝配方奶，改用杯子喝、改變用餐時間等。如果白天頻繁地需求母乳，夜晚又容易哭泣，也可以考慮斷奶。

除此之外，改做前一階段的副食品、做一些可以用手抓來吃菜色、與媽媽一起用餐、到戶外用餐等試著引起寶寶對用餐的興趣。

Q 寶寶好像都用吞的……。如何讓寶寶練習啃咬呢？

A 準備容易咬碎的柔軟度與大小。

假設用湯匙餵食寶寶的方法沒有問題，但是寶寶卻會直接吞入食物，其中原因可能有幾種：一種是太硬無法咬碎，一種是太軟不需要咬就可以直接吞入。所以訣竅是食材應該處理到可以用牙齦磨咬的柔軟度，並且是可以避免寶寶不咬卻直接吞嚥的大小。可以將煮軟的蔬菜或是香蕉等以棒狀形式給寶寶自己拿取、練習啃咬。此外，過度飢餓會導致狼吞虎嚥的情形，所以應該調整用餐時間，一邊和寶寶聊天一邊讓寶寶不急不徐地用餐。

Q 吃超多的！吃完副食品，可以不用再哺乳了嗎？

A 如果有確實吃完，餐後就不需要再哺乳。

如果寶寶有確實吃完副食品，又沒有特別想喝奶，也可以省略餐後的哺乳。然而，僅食用副食品，營養還是略嫌不足。咬食期的寶寶從副食品中攝取到的營養約為整體的60～70%左右。剩餘的營養可以從母乳或是配方奶中取得，因此一天3餐之間，還是要哺乳2～3次。

相反的，開始吃副食品後，如果寶寶還想要喝母乳，也可以讓他喝。這時候，比起滿足口腹之慾，寶寶或許只是想尋求與媽媽親近的感覺。但要避免在餐前哺乳，以免影響食慾。

Q 外出用餐時，可以分享成人的餐點嗎？

A 大人外食的餐點並不適合寶寶食用。盡量帶做好的副食品出門吧！

到了這時期，寶寶內側的牙齦雖然已經可以磨碎食物，但是要吃成人的餐點，恐怕還是嫌太硬。此外，外食餐點的調味大多過重，究竟使用了哪些食材或是調味料也都不明確，因此還必須擔心寶寶攝取到過多的鹽分、糖分，甚至也會有添加物或是過敏的疑慮。外出用餐時，應盡量自行攜帶寶寶用的餐點。如果寶寶無論如何都想要嘗試，應避免給予味道濃郁、質地太硬、生食等食物，可以選擇煮得較柔軟、調味較清淡的食材或是湯品。

在家中與成人共享餐點時，應於調味前先分裝好，利用高湯或是湯頭稀釋、做出黏糊度等讓寶寶方便食用，努力避免對寶寶尚未成熟的內臟器官造成負擔。

Q 起床太晚，所以一天只吃兩餐。第三次該何時給予比較適當呢？

A 配合寶寶的時間，稍晚一點再給予。

一天3餐的重點並不是為了確實讓寶寶攝取到3餐的食物分量，而是為了建立規律的生活節奏。如果早上比較晚起床，就省略早餐只吃兩餐的作法並不恰當。早上一起來就要先給予第一次的副食品，即使沒有吃到一定的分量也沒關係。假設第一次是11點左右，第二次就設定在下午3點、第三次晚上7點，像這樣慢慢延後時間。剛開始時，並不需要拘泥於與成人在相同的時間點用餐，應隨著寶寶的生活節奏決定給予3餐的時間。隨著接近副食品後期，再慢慢調整時間，以便接近成人們的生活節奏。

Q 一直拿湯匙玩，不好好吃飯。

A 遊戲也是寶貴的經驗。盡量溫柔地看顧寶寶吧！

寶寶在這個時期還不太能妥善使用湯匙、自己吃飯。如果寶寶想要自己拿湯匙，就讓他拿，要吃東西時，媽媽再協助幫忙將湯匙上的食物送入嘴巴即可。準備一些寶寶可以自己用手抓取的餐點也不錯。拿著湯匙甩來甩去，可能會敲打到餐具發出聲響、突然掉落地面等。雖然媽媽希望寶寶可以注意餐桌禮儀，但是現階段可以用湯匙玩遊戲、用手抓取食物玩樂等都是很寶貴的經驗。只要注意不要受傷，盡量從旁溫柔地看顧寶寶吧！

嚼食期

Q 有時候會一直持續咀嚼蔬菜或肉類而不願意吞下去。

A 與其他食材混合，組合成容易食用的餐點。

許多寶寶會覺得帶有纖維或是筋絲的蔬菜、肉類難以咬斷，也還搞不清楚吞嚥的時間點。不易食用的食材不應單獨烹調，應該與其他食材混合，變成容易食用的餐點。比方說，可以與磨得細碎的白飯、豆腐、馬鈴薯泥混合，做成黏糊狀，或是做成湯品。

如果是蔬菜，可以利用胡蘿蔔、南瓜、泡過熱水去皮的番茄等容易食用的蔬菜替代。肉類方面可以利用魚肉、大豆、雞蛋、乳製品等補充蛋白質，所以在這個時期並不需要勉強給寶寶吃一些難以吞嚥的食材。

Q 給寶寶嚐過口味較重的餐點，就不願意再吃清淡的料理了。

A 會漸漸習慣的，所以持續餵寶寶吃清淡的餐點吧！

濃郁的調味會造成鹽分或糖分攝取過多，在味覺養成上會有不良的影響，應注意調味要盡量清淡。一旦習慣重口味，或許會暫時不能接受清淡的口味，但是即使寶寶不願意食用，調味也要清淡。寶寶會慢慢忘記重口味，變得習慣清淡口味。寶寶開始吃副食品後，經常有機會分食到成人的餐點，可以在成人餐點調味前先分裝、將有調味過的食材用湯品或是高湯稀釋，或是成人餐點本身也調味得清淡些等，盡量享受食材的原味。

Q 大人要一起吃嗎？

A 一起坐在餐桌上就好。

只要與爸爸媽媽在一起，寶寶就會覺得用餐時間很有趣，也會因此湧現出食慾。看到媽媽正在吃東西，如果寶寶會關心「那是什麼啊？」就是一個可以利用新食材製作給寶寶吃的契機。寶寶也可以在餐桌上自然而然學會用餐禮儀及方法。然而，如果用餐時間無法配合、平時又很忙碌，只要能夠有機會在周末一起用餐，就不需要拘泥於每天都要和寶寶一起吃飯。因為照顧孩子而忙到沒有辦法吃飯的媽媽，只要坐在寶寶旁邊說一些「好吃吧！」「你好棒唷！」之類的話就夠了。

Q 寶寶沒有坐好吃飯，必須常常追在後面跑……。

A 應該從這個時期開始教導寶寶分辨用餐與遊戲的時間。

寶寶在1歲左右會覺得跑來跑去很有趣。要讓寶寶一直坐在椅子上實在很困難。不過，如果媽媽追著跑，被追的當事人反而會變得更興奮，搞不清楚用餐與遊戲的區別。告訴寶寶吃東西前先洗手、吃東西時要坐好，也要在這個時期開始教寶寶說「我開動了」、「我吃飽了」等用餐時的禮儀。

如果一把寶寶放到地上就會開始亂動個不停，可以準備一張寶寶專用餐椅，餐桌上不要擺放玩具等會分心的東西。如果無論如何都沒辦法專心用餐，也可以收掉不再給予。不過，大人們自己也要有規矩地用餐才行。即使寶寶用手玩弄食物、嘴巴周圍沾得黏呼呼的，也請從旁溫柔地看顧。

Q 寶寶還不太會拿杯子，可以一直用練習杯嗎？

A 可以利用小杯子，慢慢練習。

到了這個時期並不是一定要用杯子喝東西，而是差不多可以開始改用杯子喝東西。用吸管喝會喝太多，但是為了不要灑得到處都是，媽媽常常會在不知不覺中又開始給寶寶使用吸管。這樣做的結果恐怕會對舌頭發展帶來不良的影響，要多多注意。

一開始可以用小杯子裝少量水，讓孩子用臉朝下的姿勢，將杯子碰到嘴巴後，就能夠立刻學會喝東西。如果害怕弄髒，一開始也可以在浴室練習。媽媽也可以一起拿著杯子，說：「乾杯！」或許孩子就會想要試試看唷！

Q 都1歲了，還是不太想自己動手吃東西。

A 可以先從蔬菜棒或是飯糰等開始。

不想自己動手吃東西的理由很多，可能是不知道用餐的方式、對餐點以外的事物比較感興趣、等待媽媽餵食、之前想自己吃的時候被罵過而有不愉快的回憶等。為了培養寶寶想要自己用餐的慾望，最好的方法是利用手指食物。準備一些煮軟的蔬菜棒或是麵包等，讓寶寶自己用手抓來吃吧！媽媽也可以用叉子把食物插好後交給寶寶。先從玩弄手中食物、運送到嘴巴開始。從旁稱讚寶寶「你好棒唷！」讓寶寶對食物產生興趣。就算食物灑出、弄髒也不要斥責，多多稱讚寶寶想吃東西這件事情。

從副食品進階

幼兒飲食的進展方法

要學習基本的飲食態度，幼兒期的飲食是很重要的。就讓我們觀察孩子的狀態，緩緩前行吧！

1歲半左右可以開始給予幼兒食物

寶寶原本是以母乳或是鮮奶為主要營養來源，之後才逐漸開始習慣食用副食品。寶寶1歲左右開始走路，遊戲與活動變得更活潑，就會逐漸增加從副食品攝取到的營養比例；接近1歲半時，就能從一天3餐中攝取到必要的營養，也開始可以用杯子喝鮮奶或是配方奶。食物方面，可以用門牙切斷柔軟的食物，用牙齦磨碎食物後食用。這即是可以開始給予幼兒食物的時間點。話雖如此，也不需要突然停止哺乳，或是猛然切換成幼兒飲食，3餐之間可以再給予母乳。觀察孩子的狀態，一點一點地讓食材、菜單，以及烹調方法進階吧！

不要著急，好好培養孩子對食物的興趣及味覺吧！

孩子的用餐方式，從1歲半之後會從副食品逐漸改變為幼兒飲食，再經歷很漫長的一段時間，到5歲左右才會跟大人食用相同的食物。幼兒飲食是學習健康的飲食態度、味覺、用餐禮節等非常重要的時期。不要焦慮也不需要勉強，與孩子一起邊享受邊進行吧！

幼兒飲食的重點是將「各式各樣的食材」「清淡調味」，讓孩子「愉快地」「自己」用餐。如果孩子在這個時期就已經習慣重口味，味覺將會變得遲鈍，難以再接受清淡的口味。請費點心思多加利用食材的原味，採用清淡調味進行烹調。為了讓孩子對食物有興趣，還有一個重點是要讓孩子自己吃飯。請認知到孩子可能會把桌面弄得亂七八糟，讓孩子拿著湯匙或叉子自由用餐吧！一旦孩子可以自己吃飯，就會出現對食物的喜好，開始不吃那些不喜歡的食物。這種時候可以把那些食材切碎混入其他食材或是湯品中，在烹調方面多費點心思也是一個解決方法。然而，最重要的是全家人面對面圍著餐桌用餐。媽媽雖然必須忙碌於育兒與家事，但是仍要盡量與孩子一起坐在餐桌上，好好享受用餐時光。

可以開始給予幼兒飲食的訊號

- ☐ 一天攝取3餐，可以從餐點中獲得許多必要營養。
- ☐ 可以用門牙咬斷食物、用牙齦咬住食物。
- ☐ 可以用杯子喝鮮奶或是配方奶300～400ml。

規矩、正確的生活節奏也很重要

給予幼兒飲食時不只要讓他們學習使用湯匙、叉子、仔細咀嚼食物等「用餐方法」，這個時期也是在學習「飲食態度」。早上起床後吃早餐、遊戲，吃完午餐後睡午覺，吃點心後遊戲，吃完晚餐後就寢。讓身體確實記住這種單純的生活節奏，是培育健康身心不可或缺的要素。即便寶寶多少會對食物有所好惡，或是邊吃邊玩，只要不是不吃就無所謂。先養成早中晚坐在餐桌前3次的習慣吧！

時間規劃範例

在3餐之間給予點心或是飲料。早中晚3餐是基本不變的，可以視狀況隨時進行調整，例如：午睡後的點心僅給予飲料等。

營養的平衡

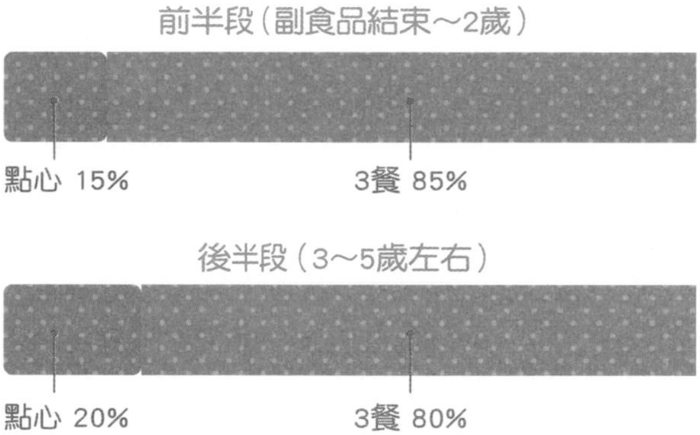

點心是一種「補充食品」

一說到點心，就會令人聯想到甜滋滋的糕點，但是幼兒時期的點心，基本上就是一種「補充食品」。孩子活動時需要的熱量與營養素是大人的2～3倍。不過孩子的胃部空間還很小，無法藉由單次餐點攝取到大量的營養。點心可以補充這個部分。用蔬菜、水果補充維生素；用番薯、飯糰補充熱量等，藉此補充一些容易缺乏的營養素。但是不能讓寶寶拖拖拉拉地進食，必須確實訂出點心時間。

POINT 1 配合牙齒的生長情形，咬合能力

應配合牙齒生長情形，調整食材及烹調方法

最早於1歲，最遲約在1歲半左右要開始進入幼兒飲食，但是寶寶並非能立即咬斷所有食物。這個時期的牙齒面積較小，即使可以咬斷，也無法磨碎食物。因此，寶寶很可能不咬就直接吞食，或是討厭吃不太好咀嚼的食物。比方說，薄脆的高麗菜與海帶芽、皮容易卡在嘴巴裡的蕃茄或是豆子、有咬勁的蒟蒻或是菇類、會吸收唾液的水煮蛋或是番薯、難以在嘴巴裡成團的絞肉或是花椰菜等，都是對處在幼兒飲食前期的孩子來說不太好食用的食材。

大約要到3歲左右，所有牙齒才會長齊、能夠確實磨碎食物。在那之前，應配合孩子的牙齒生長情形選擇適當的食材、多費點心思在切割方法以及烹調方法上，讓孩子易於食用。

1歲半

牙齒 第一乳臼齒與上下左右共計8顆牙齒，可以藉由上下排咬合、啃咬食物。

軟硬度・形狀 可以用手抓取的棒狀、圓球狀、容易咬斷的平面形狀。可以用門牙咬斷，再用臼齒磨碎的程度。軟硬度標準是水煮食物的柔軟度。

2歲

牙齒 最內側的臼齒（第二乳臼齒）長出。在長出之前，牙齦也會變厚而具有磨碎的能力。

軟硬度・形狀 容易用湯匙或是叉子舀起的形狀。為了進行一口大小的啃咬練習，食物也可以稍微大一點點。軟硬度標準是將蔬菜完全炒熟的程度。

3歲

牙齒 所有的乳牙（20顆）都長齊了，可以完成咬合動作。可以啃咬多種食材，磨碎後食用。

軟硬度・形狀 可以嘗試切絲、切片、隨意亂切等，各式各樣的形狀。筋絲或是纖維較多的食材，應稍微再切小一些。軟硬度標準是比成人食物稍微再軟一些。

POINT 2 培養「自己吃」的慾望

打造讓寶寶覺得「開心！」的環境

想提高孩子對食物的關心度，重點是要讓餐桌的氣氛愉快。寶寶剛開始或許還不能吃得很好，嘴巴周圍會弄得黏糊糊的，圍兜、桌上全都會弄得亂七八糟。不過，如果孩子只會被罵、被要求要注意，那麼好不容易等到的用餐時間，也會因此顯得無趣。先讓孩子產生想自己吃東西的慾望吧！全家人一起圍繞著餐桌、用小盤子分裝菜餚、彼此聊著菜餚與味道，餐桌變得熱絡之餘，孩子也會學到飲食方法與規矩。還可以加入一些季節性的食材或是節慶布置等，花點心思打造愉悅的用餐環境吧！

肚子餓是很重要的調味劑

讓孩子肚子餓也是使餐點變好吃的訣竅。如果隨意給孩子吃點心或是飲料，孩子一直感受不到肚子餓的感覺，用餐的興致就不高。訂好正餐與點心的時間，中間空檔時間就讓孩子多活動活動，讓肚子餓一點吧！

從咬食期開始～

2歲左右

3歲左右～

POINT 3 調味、分量都是成人的一半

善用食材原味，清淡調味

幼兒時期的味覺會影響到長大成人。一旦習慣重口味，便難以恢復，因此幼兒飲食的調味必須清淡，調味標準是成人的二分之一。菜色上可以選擇能控制鹽分、糖分、善用食材本身甜味與鮮味，並以日式料理為主。如果必須與成人分享餐點，也可以在烹調過程中，用另一個鍋子做比較清淡的調味，或是分給孩子一些比較沒有混到調味的部分等，請稍微多費點心思吧！

分量是成人一半，基本上為兩菜一湯

1～2歲孩子的食用量約為媽媽的一半，3歲時為媽媽的3分之2。這裡並不是指要減少菜色的數量，而是要調整單品的分量，才能夠使營養均衡。菜色基本上是兩菜一湯，主食以白飯為主，還有像是麵包、麵食等碳水化合物；以魚、肉、雞蛋、大豆製品等蛋白質為主菜；副菜則使用蔬菜或海藻類，以補充維生素、礦物質、膳食纖維。鈣質含量豐富的黃綠色蔬菜、小魚、鮮奶、乳製品等也可以當作點心補充給孩子。

幼兒飲食一天的食材標準量

蛋白質來源（主菜）		維生素・礦物質來源（副菜）		熱量來源（主食）	
鮮奶	300～400ml	黃綠色蔬菜	90g	白飯	80～120g
雞蛋	30g（1/2顆）	淡色蔬菜	120～150g	烏龍麵	120～180g
海鮮類	30～40g	菇類	5g	麵包	50～70g
肉類	30～40g	海藻類	2～5g	芋頭類	40～60g
堅果類	5g	果實類	100～150g	砂糖類	5g（約2小匙）
大豆・大豆製品	30～40g			油脂類	10～15g

對食物有所好惡、邊玩邊吃，都是成長發展的過程

孩子開始自己吃東西後，就會出現討厭吃東西或是對食物有所好惡的情形。一直亂玩食物等邊玩邊吃也很讓媽媽煩惱。對於孩子不喜歡的食物，不需要過度勉強，可以試著改變切的方法或是烹調方法後再試著給予。也可以將食材做成棒狀或是圓球狀、容易用手抓取的形狀、煮成湯品，或是與其他食材混合。孩子邊玩邊吃時，不用過度堅持要孩子把食物吃光，可以設定30分鐘後來收拾，偶爾提醒一下孩子即可。

可以利用這些方式克服！

- 試著改變形狀
- 讓顏色豐富多彩
- 多給孩子一點時間
- 吃給孩子看其他人吃東西的模樣

吞食期 5～6個月左右

壓食期 7～8個月左右

蛋白質食譜

咬食期 9～11個月左右

熱量來源食品食譜

維生素・礦物質食譜

嚼食期 1～1歲半左右

熱量來源食品食譜

維生素・礦物質食譜

國家圖書館出版品預行編目(CIP)資料

嬰幼兒副食品不過敏全書 / 上田淳子料理；
張萍譯. -- 初版. -- 新北市：世茂, 2016.10
面； 公分. --（媽咪安心手冊；8）
ISBN 978-986-93178-9-4（平裝）

1.育兒 2.食譜 3.小兒營養

428.3 105013428

媽咪安心手冊8

嬰幼兒副食品不過敏全書

監　　修 / 上田玲子
料　　理 / 上田淳子
譯　　者 / 張萍
主　　編 / 陳文君
責任編輯 / 楊鈺儀
封面設計 / 戴佳琪（小痕跡設計工作室）
出 版 者 / 世茂出版有限公司
地　　址 / (231)新北市新店區民生路19號5樓
電　　話 / (02)2218-3277
傳　　真 / (02)2218-3239（訂書專線）、(02)2218-7539
劃撥帳號 / 19911841
戶　　名 / 世茂出版有限公司
單次郵購總金額未滿500元（含），請加50元掛號費
世茂網站 / www.coolbooks.com.tw
排版製版 / 辰皓國際出版製作有限公司
印　　刷 / 祥新印刷股份有限公司
初版一刷 / 2016年10月
三刷 / 2020年2月

定　　價 / 360元